AF452586

TRAITÉ
USUEL
DU CHOCOLAT,

Contenant la description et la culture du Cacaotier ou *Cacaoïer*, arbre qui produit le fruit avec lequel on fabrique le Chocolat; celles de la Canelle, de la Vanille, du Salep de Perse, de l'Ambre gris, du Sucre, et autres substances que l'on fait entrer dans la fabrication du Chocolat; les différentes façons de préparer ce comestible, pour en faire un aliment recherché et propre à flatter le goût de tous les consommateurs les plus distingués, ce qui lui a fait donner, avec juste titre, le sur-nom de METS DES DIEUX. On y fait voir aussi son utilité précieuse dans la médecine.

Édition rédigée par l'éditeur. Voy. l'Avis.

A PARIS,

Chez CHAMBON, Libraire, rue de Seine Saint Germain, n°. 26.

1812.

AVIS

DE L'ÉDITEUR.

———

CET ouvrage a été fait en partie par feu M. Buc'hoz, avec qui, et pour lequel j'avois traité peu de tems avant sa mort, duquel en traitant, il me livra une partie du manuscrit ; mais plus que satisfait par moi en transigeant, après nos arrangemens faits, il se pressa peu de me forunir le reste dudit ouvrage (1), malgré que je n'aie cessé de le réclamer, jusqu'à son decès, arrivé en janvier 1809.

Pour le finir et le rendre digne, autant qu'il a été possible, d'être offert au Public amateur de ce genre d'ouvrages, il a fallu avoir recours aux différens auteurs des matieres particulieres qui, par leur ensemble, forment la composi-

(1) Je fis aussi à la même époque , l'acquisition d'un manuscrit sur le *Café*, que M. Buc'hoz me livra dans le même état que celui-ci. L'auteur, peu de tems avant sa mort, me dit que ces deux ouvrages étoient terminés ; je les réclamai auprès de sa veuve, mais sa mauvaise foi la rendit sourde à mes réclamations, pour ces deux objets, comme pour d'autres créances, qu'elle connoissoit être cependant bien légitimes.

tion du *Chocolat.* On a de plus, eu recours aux Fabricans les plus renommés dans cette partie, pour connoître les méthodes employées avec succès dans l'art du *Chocolatier*, afin que ceux qui daigneront avoir recours à ce Traité, dans les vues d'y puiser des connoissances utiles pour la perfection de ce travail, puissent y trouver tous les éclaircissemens qu'ils pourront desirer, relatifs à la manipulation de cette substance alimentaire et médicinale, dont l'utilité ne peut être trop connue.

Les amateurs de ce commestible, et qui sont en grand nombre, y trouveront aussi les moyens faciles et sûrs, pour pouvoir préparer eux-mêmes cet aliment, flatteur, délicat et précieux pour la santé, comme ils le desireront, soit en boisson, soit en crêmes ou de quelle autre façon que ce soit. On y trouvera des indices certains, pour connoître les bonnes ou mauvaises qualités du chocolat en tabletes ; celles des amandes du cacao, de la vanille, de la canelle, du salep de Perse, et de toutes les autres substances aromatiques, telles qu'elles nous viennent d'Amérique, et que l'on fait entrer plus ou moins dans la composition des différens chocolats, fabriqués à *Paris*, ou venant de l'étranger.

TRAITÉ
USUEL
DU CHOCOLAT.

INTRODUCTION.

Les Américains, avant l'arrivé des Espagnols chez eux, faisoient une liqueur avec le *Cacao*, delayé dans de l'eau chaude, assaisonnée avec le piment, coloré par le rocou, et mêlé avec une bouillie de maïs, pour en augmenter la quantité : tout cet ensemble donnoit à cette composition un air si brun et un goût si sauvage, qu'un soldat espagnol disoit qu'il n'auroit jamais pu s'y accoutumer, si le manque de vin ne l'avoit contraint à se faire cette violence, pour n'être pas toujours obligé de boire de l'eau pure. Ils appeloient cette liqueur *Chocolat*, et nous avons conservé ce nom en Europe à la pâte que l'on fait avec le *Cacao*.

Les Espagnols sont par conséquent les premiers qui ont connu l'usage du *Chocolat*, et qui l'ont introduit en Europe, à leur retour de la découverte du Nouveau Monde, au commencement du 16e. sie-

A

cle. Marie-Thérese d'Autriche-Espagne, épouse de Louis XIV, fut la premiere qui en introduisit l'usage en France, de là, ses bons effets l'ont fait connoître et rechercher depuis de tous les Européens.

Il entre plusieurs substances dans la composition du *Chocolat*, dont les essentielles sont la graine de Cacao, l'Ambre, la Canelle, la Vanille, le Salep de Perse et le Sucre ; nous entrerons successivement dans le détail de ces différentes substances, ensuite nous parlerons des différens procédés qu'on emploie pour le préparer, et nous terminerons ce traité par les aprêts alimentaires dans lesquels on le fait entrer.

CHAPITRE PREMIER.

Du Cacao.

LE *Cacao*, ou le *Cacaotier* est une plante dont le genre est connu sous les noms botanistes, selon Linn. *Theobroma* ; Plum. *Guazama* ; Tourn., *Cacao* ; en français, *Cacao*, *Cacaotier*, *Cacaoïer*, *Cacaïer* ; en anglais, *Chocolate Nut. trac.*, trivialement le *Mets des Dieux* ; il a pour caractere d'avoir le périanthe du calice réfléchi, s'étendant, à trois foliole ovales, concaves, en forme de casque, dont chacune est une scie fendue en deux, cornues : le nectair est campanulé, droit, s'étendant, plus petit que les petales, composé de cinq folioles ovales, lancéolées, réunies ; les filamens des étamines sont en forme d'alène, de la longueur du nectair, auquel ils sont attachés en forme de rayons ; chacun est fendu en cinq autres au sommet ; les antheres sont au nombre de cinq dans chaque étamine, couvertes de la voûte des petales ; le germe du pystil est ovale ; le style est en forme d'alène, de la longueur du nectair ; le stigmate est simple ; l'écorce du péricarpe est ligneuse, inégale, raboteuse, à cinq côtés, renfermant intérieurement des semences aussi de cinq côtés ; les semences sont charnues, ovales et nombreuses.

Le chevalier de Linnée en admet deux especes, dont l'une, est le vrai *Cacaotier* de Tournefort, à fruit oblong à cinq angles, alongé de chaque côté, et l'autre est le *Guazama* du P. Plumier, à fruit glo-

buleux, raboteux de chaque côté par des tubercu-
les et dont l'écorce est perforée, en forme de crible, à quatre loges. Aublet dans ses plantes de la
Guiane française, en admet une troisieme espéce,
qu'il nomme *Theobroma Guianensis*, et qu'il a représentée dans le tom. II, pl. 275; les deux premieres se trouvent gravées dans la collection des
planches d'Histoire naturelle de Buc'hoz; Jussieu
place ce genre dans la classe 13, ordre 14, famille
des molvaces: il en a retiré la seconde espèce, qui
est le *Theobroma guazuma*, pour en faire un genre
nouveau.

Nous allons parler ici de la premiere espèce,
comme étant celle dont on fait le plus de cas dans
la fabrication du *Chocolat*, qui est le vrai *Cacaotier*,
Theobroma cacao, *Theobroma foliis integerimis*, *Lin.*
syst. plan. edit. Rich. t. III, pl. 582. Les feuilles de
cette espéce sont très-entieres, suivant Linnée dans
sa dissertation sur les plantes de Surinam, publiée
en 1776; son calice est a cinq feuilles, lancéolées;
les petales sont au nombre de cinq, en voûte, ovales, pétiolées, la découpure trainale et étendue; les
étamines fertiles sont solitaires sous chaque petale
intérieur; l'anthére est quadruple; les autres étamines sont au nombre de cinq, alternes, applaties sous
le germe, stériles; le germe est supérieur, le stil est
simple. Cet arbre vient sans culture dans l'Amérique méridionale, aux Isles Antiles, suivant Richard;
il appartient à la pentendrie, puisque les filamens
de sa fleur ne sont pas ronds.

Mlle. de Mérian dit avoir trouvé sur le *Cacaotier*
plusieurs chenilles noires, rayées de rouge, tachetées de petits points noirs, qui se nourrissoient de

ses feuilles, et qui se changeoient en des phalènes blanches, rayées et tachetées de noir; elle a aussi trouvé sur le même arbre une grande chenille d'un vert jaunâtre, dont le corps étoit couvert de poils aigûs, verts vers la racine et jaunes vers la pointe, qui se transforma en une nymphe brune, d'où sortit une phalène couleur de rose, dont les aîles de dessous étoient deux grandes toiles blanches bordées de noir, et au milieu desquelles il y avoit trois tâches aussi noires, l'une grande, les autres plus petites et triangulaires. Cette chenille est très-venimeuse, elle blessa Mlle. de Mérian aux doigts, ils devinrent aussi-tôt pourprés et livides, et lui causerent une grande douleur, qui se communiqua à la main et même jusqu'au coude : elle eut dabord recours au reméde ordinaire de l'huile de scorpion, et en moins d'une demi heure elle fut guérie. Mlle. de Mérian a examiné cette chenille avec le microscope, et elle a remarqué qu'elle étoit couverte de pointes et d'épines, courtes et épaisses par le bas, liantes et fines par le haut : probablement que ces pointes noires s'étant rompues, étoient restées dans la chair et y avoient causé cette espèce de venin, qui, à proprement parler, n'en est point: l'huile de scorpion a toujours passé à Surinam pour un reméde certain contre les piquûres des chenilles ou d'insectes. Mlle. de Mérian a représenté la premiere de ces chenilles avec ses métamorphoses, dans la 26e. planche de ces insectes de Surinam, et la deuxieme dans la 63e. planche.

On lit dans le Dictionnaire Économique une description très-detaillée du *Cacaotier* ; nous allons la rapporter ici.

Le *Cacaotier* tire l'étymologie de son nom botanique *Theobroma*, de deux mots grecs qui signifient *nourriture des Dieux*. Les voyageurs rapportent que dans la plûpart des terres situées entre les tropiques il y a des forêts entieres de *Cacaoïers*, qui sont en général grands, gros et extrêmement branchus; ceux qu'on cultive sont moins hauts, parce qu'on les assujetit. Le *Cacaoïer* piqué dans terre par un pivot s'étend à une profondeur considérable; â l'origine de ce pivot sont des racines fileuses, qui rampent près la superficie de la terre; l'écorce du tronc et des branches est plus ou moins brune, suivant l'âge des arbres, mince, passablement unie, et assez adhérante au bois, qui est léger, blanchâtre, poreux, souple, et dont toutes les fibres sont bien dioïtes; en quelque saison qu'on coupe ou qu'on taille le *Cacaoïer*, on le trouve abondant en seve, et lorsqu'il en a peu, l'arbre est sur son déclin; les feuilles naissent une à une, alternativement sur un même plant; daboïd rousses et fort tendres; elles deviennent plus dures et d'un vert plus gai, à mesure qu'elles vieillissent, cependant le dessus est toujours plus foncé que le dessous; elles sont pendantes, entieres, sans dentelures, lisses, terminées en pointes aiguës, peu différentes de celles du citronier, divisées sur leur longueur en deux parties égales, par une forte nervure d'où sortent de part et d'autre des fibres obliques assez sensibles; le volume de ces feuilles varie suivant le degré de vigueur des arbres: tantôt elles ont plus de vingt pouces de long, sur environ six de large à la partie moyenne; tantôt elles n'en ont que neuf sur quatre; d'autres ont des proportions relatives à l'un de ces deux extrêmes; le pédicule qui les soutient, peut avoir

ûne bonne ligne de diametre , environ un pouce et
demi de longueur, et est renflé par les deux bouts ;
les feuilles ne tombent que successivement et à mesure que d'autres les remplacent ; l'arbre n'en paroît
jamais dépouillé.

Cet arbre fleurit en tout tems , mais plus abon-
damment vers les deux solstices que dans les autres
saisons. Ses fleurs sont très-petites et sans odeur ; elles
naissent par bouquets , depuis le pied de l'arbre
jusques vers le tiers des grosses branches ; celles du
tronc sortent des endroits où subsistent les vestiges
de l'articulation des feuilles que l'arbre a produites
dans sa jeunesse ; chaque fleur est portée par un pe-
duncule foible , long de sept ou huit lignes . garni
de poils très-courts ; le bouton est a - peu - près fait
en cœur, isolé , à cinq pans , haut d'environ trois
lignes , sur deux tout au plus de diametre ; quand
la fleur est épanouie , on apperçoit un calice composé de cinq pieces étroites , terminées en pointes
aiguës, creusées en cueilleron, tantôt d'un blanc
de jasmin dans la totalité, tantôt pâles en déhors,
et toutes intérieurement de couleur de chair , ce
calice peut avoir quatre lignes de haut , et chaque
piece environ deux lignes de diametre , dans sa plus
grande largeur ; les petales sont au nombre de cinq
disposées en rose , composées pour ainsi dire de
deux parties, dont la premiere attachée à la base du
pystil , est creusée en forme de casque ou de nace-
le, d'un blanc sale en dedans et en dehors , mais
intérieurement coupée de bas en haut par trois lignes purpurines, qui s'élevent jusques vers les deux
tiers de sa hauteur ; à l'extremité supérieure et postérieure de ce casque , commence l'autre partie du

pétale, qui représente une espece de spatule, presque faite en cœur, selon le P. Plumier, fort étroite,
mais qui s'élargit à mesure qu'elle descend le
long de la partie postérieure de la nacelle , vers
le milieu de laquelle elle se jette horizontalement en dehors. Cette seconde partie du petale est
d'un jaune pâle ; le contour du calice est occupé
par le pystil, formé d'un embrion à peu-près ovale,
et d'un styl blanc très menu ; la base du pystil est
environnée de cinq fillets droits, bruns, longs d'environ deux lignes, assez gros à leur origine et terminés en pointe. De cette même base sortent pareillement quatre etamines, qui sont des filets plus
petits, lesquels se jettent en forme d'arc vers leurs
sommités dans la concavité de la premiere partie de
chaque petale; l'embrion devient dans l'espace de
quatre mois un fruit plus ou moins long, nommé
Cabasse en quelques endroits, fait en concombre,
communément long de six à sept pouces, sur trois
de diametre, presque toujours profondement sillon-
né sur toute sa longueur, en neuf ou dix endroits
parsemé de verrues, terminé à sa pratie inférieure
par une pointe courbée et suspendue par le pedun-
cule de la fleur, qui est tant soit peu allongée, et
qui a acquis la grosseur d'une de ces plumes d'oie
dont on se sert communément pour écrire ; tantôt
le fruit est dabord très vert, il palit ensuite, puis il
jaunit en mûrissant ; tantôt il commence par être
d'un rouge vineux et foncé, principalement sur les
côtés qui terminent les sillons, et devient par degrés plus pâle et plus clair ; tantôt après un mélange confus de rouge et de jaune, les teintes se decidant forment un rouge pâle, varié de jaune foncé ;

d'autres fois les nuances du vert et du blanc les teintes se decidant fortement un rouge pâle varié de jaune foncé ; d'autres fois aussi les nuances du vert et du blanc, qui produisent par gradation une espéce de jaune, se terminent dans le tems de la maturité par un rouge foncé, mais parsemé de petits points jaunâtres : ces couleurs ne pénétrent pas beaucoup dans l'écorce du fruit : cette écorce que l'on nomme cosse dans les isles, est épaisse de trois à six lignes, suivant la grosseur des fruits et l'âge de l'arbre ; elle renferme dans l'épaisseur de près d'un pouce une substance pulpeuse, dabord ferme, blanche et un peu teinte de rouge, ensuite prenant une consistance plus legère, cette pulpe semble être un duvet fort blanc, accompagné d'un mucillage plus ou moins aboudant, qui a une saveur acidule, approchant de celle des pepins de grenade ; au milieu sont les semences, tantôt assez ressemblantes aux fèves de marais ; tantôt moins grandes, moins applaties, à peu près de la même forme que les feuilles de l'arbre, plus grosses par l'extremité qui tient au placenta ; ce placenta paroît être produit par le péduncule, qui se prolongeant, forme un axe, auquel répondent des colonnes, sur lesquelles sont rangées les semences par étages ; le nombre de ces semences varie beaucoup, de vingt à quarrante ; leur parenchyme est blanc, quelquefois un peu teint de rouge, compact, charnu, mollet, lisse, très-chargé d'huile, amer, d'un goût styptique, assez pesant relativement à son volume, très-friable entre les doigts, et formé de deux lobes repliés l'un dans l'autre, au milieu desquels est le germe placé à leur gros bout ; la pellicule de ces

amandes est lisse, très-mince et de même coûleur
que le parenchyme, mais en sechant elle devient
d'un rouge brun : ce sont ces amandes qui servent
à faire le *Chocolat.*

Les auteurs qui ont écrit sur le *Chocolat,* sont M.
de Caylus, qui a fourni des Mémoires à M. Maba-
del, pour la redaction de son *Histoire naturelle du
Cacao,* imprimée à Paris en 1719; le P. Labat, dans
son *Voyage aux isles de l'Amérique* ; Dampierre ; M.
Artur, médecin du roi, à Cayenne, dans un Mémoire inseré dans le prmier volume du *Dictionnaire
économique, seconde édition* ; Miller, dans son *Dictionnaire du Jardinier* ; l'abbé Rozier, dans son *Cours
d'Agriculture,* qui s'est servi du mémoire de M. Artur; Sonnerat, dans son *Voyage à la nouvelle Guinée;*
Sloane, dans son *Histoire de la Jamaïque* ; Navier,
médecin de Châlon sur Marne, et d'autres.

Nous allons actuellement rapporter la culture du
Cacaotier, tant dans les Isle qu'en Amérique. On
nomme *Cacaoiere* ou *Cacaotiere,* un plant ou verger
de *Cacaos* ; ces arbres demandent une terre qui ait
du fond, qui soit plus forte que légere, fraîche,
bien arrosée, mais non pas noyée; ils réussissent
mal dans une terre argilleuse ; le sol qui leur convient le mieux est une terre noire ou rougeâtre, al-
liée d'un quart ou d'un tiers de sable, avec quantité
de gravier; dans les terreins plus forts ou plus humides les *Cacaotiers* deviennent grands et vigoureux,
mais ils rapportent moins, les fleurs y étant fort sujettes à couler, à cause du froid et des pluies fré-
quentes.

On est assez dans l'usage de défricher des terreins
pour y établir des *Cacaoïeres;* quand on y emploie

(15)

les terres qui ne sont que reposées, ces arbres durent peu et ne rapportent que des fruits médiocres et en petite quantité.

Miller indique les ravins formés par les eaux, comme étant des emplacemens favorables ; d'ailleurs les arbres y trouvent un abri naturel, qu'on est obligé de leur procurer par art dans d'autres positions ; cependant il y a lieu de douter que les ravins puissent les garantir du vent, qui leur est très-préjudiciable ; d'ailleurs les *Cacaoïers* pourroient être trop serrés dans ces endroits ; ces arbres délicats ont besoin d'une certaine étendue d'air ; trop, ou trop peu d'air, les vents et l'ardeur du soleil, peuvent nuire aux *Cacaoïers :* on tache de prévenir ces inconveniens par la disposition du terrein ; l'étendue que l'on a trouvée très-avantageuse à une *Cacaoïere*, est d'environ à-peu-près une toise ; si le terrein est plus grand, on le divise en plusieurs quarrés ; réduit à cette proportion, chaque quarré doit être environné de bonnes haies.

Si la *Cacaoïere* n'est pas au milieu d'un bois, ou que dans ce bois même elle soit découverte par quelqu'endroit. on l'abrite par de grands arbres capables de résister à l'impétuosité du vent. Ces lisieres peuvent être formées de grands arbres, mais on a lieu de craindre que dans les cas ou un ouragan les abattrait. leur chûte ne fît périr beaucoup de *Cacaoïers ;* c'est pourquoi, il est peut être préférable de planter en dehors de la *Cacaoïere*, plusieurs rang de Citroniers, de Corossoliers ou de bois Immortel, qui. étant plus flexibles, diminuent la force du vent, ou dont la chûte ne peut faire grand tort aux arbres voisins ; d'autres couvrent encore les lisieres

mêmes avec quelques rangs de Bananiers ou de Ba-
coviers, qui sont les figuiers des Isles, arbres qui
croissent fort vîte, garnissent beaucoup, forment
un très-bon abri et donnent des fruits excelents.

L'abbé Rozier, dans son *Cours d'Agriculture*, ajoute aux moyens indiqués la plantation de Bambou;
ce roseau croît fort vîte, s'éleve très-haut, fournit
beaucoup, et c'est par son secours que les Hollan-
dois, au Cap de Bonne-Espérance, garnissent leurs
plantations. Ses feuilles sont très-utiles pour les animaux, et les nègres sont friands de sa moëlle spongieuse; il croît dans l'Inde et dans l'Afrique. En
1759, l'escadre de M. de Bompar le transporta dans
les Isles du Vent de l'Amérique, où il a prodigieu-
sement multiplié; il se reproduit par bouture, chaque nœud portant le germe de la racine et des jets;
plus il fait chaud, plus sa végétation est étonnante;
chaque brin gros comme le bras ou la jambe s'éleve, dans l'espace de quelques mois, de quarante à
cinquante pieds de hauteur; lorsque les souches sont
suffisamment espacées, elles peuvent produire jusqu'à cent jets et plus.

Pour défricher un terrein, on brûle les plantes et
les arbustes qui ont été arrachés, ainsi que les arbres
abattus; puis on laboure à la houe, le plus profondement qu'il est possible; on ôte toutes les racines
que l'on rencontre, et on applanit la surface.

Le terrein étant préparé, on prend les alignemens
avec un cordeau, divisé par nœuds, à côté de chacun desquels on plante un piquet, en sorte que tout
l'ensemble forme un quinconce.

On garnit la *Cacaoïere* soit en graine, soit en
plant; le *Cacao* se multiplie même par boutures à

Cayenne, mais le succès en est beaucoup moins
certain. Lorsque le terrein est déja fatigué, ou qu'il
est rempli de fourmis, ou de criquets, etc., on préfère d'y mettre du plant ; ce plant doit être un peu
fort, pour que les insectes l'endommagent moins.

Tandis qu'on abat les arbres d'un terrein, où l'on
veut planter le *Cacao*, on fait, le plus près qu'il est
possible, une pépinière qui n'occupant qu'un petit
espace, peut être facilement garantie des animaux
nuisibles ; on doit choisir cette pépinière dans un
endroit voisin d'une riviere, ou d'un marecage, afin
de pouvoir l'arroser sans peine, car on la commence en été ; on y met les graines à six pouces les unes
des autres, qui levent au bout de cinq à six jours ;
quelques mois après, c'est-à-dire vers le commencement de l'hiver, dès que les premieres pluies ont
humecté la terre à une certaine profondeur, on
coupe la terre tout-au-tour, à trois pouces de chaque arbre, que l'on transporte ainsi dans des paniers,
à l'endroit qu'on lui a destiné ; l'arbre peut avoir
alors la grosseur du petit doigt et deux ou trois pieds
de haut ; avant de le planter, on rogne son pivot,
s'il excede la motte, sans cela, les racines exceden-
tes se courberoient et feroient perir l'arbre. Dans
les endroit où la terre n'a pas assez de corps, pour
pouvoir s'enlever avec l'arbre, on éleve les graines
dans de petits manequins remplis de terre, et plus
profonds que larges ; ensuite on transporte ces manequins dans les trous de la *Cacaoïere*. L'usage de
ces manequins a néanmoins quelque incommodité ;
comme ils ne contiennent qu'une petite quantité de
terre, la chaleur la pénetre et la desseche, ce qui
fait que la graine ne se développe pas sitôt, ni si

bien qu'en pleine terre ; on pourroit les enfoncer dans d'autre terre, mais ils périroient promptement. Un autre inconvenient de ces manequins, ou *Cour-couroux* est, que si on tarde un peu à les transplanter, les racines en sortant ont pour lors cet excédant privé de nourriture, et demeure exposé à la chaleur de l'air et s'y désseche.

Les graines du *Cacao* ne peuvent bien réussir que dans des terreins absolument neufs, parce qu'ils fournissent beaucoup moins d'herbes, et que la violence et la durée du feu qui a consomé ces arbres, a en même tems dissipé les fourmis ; les criquets etc. ou du moins ils y sont plus rares la premiere année. Pour planter la graine, on choisit un tems de pluie ou actuelle, ou prochaine, pour cela on cueille les cosses mûres, on en retire de suite les graines, que l'on met aussitôt en terre. Cette opération se fait à la fin de juin, ou à la fin de décembre : on met deux ou trois amandes à quelques pouces les unes des autres, autour de chaque piquet, à deux ou quatre pouces de profondeur, ce qui se fait aisement avec le piquet même, lorsque la terre est nouvellement labourée, sinon on remue légerement la terre avec une espece de houlete ; on coule chaque amande dans son trou, le gros bout en bas, et on la couvre d'un peu de terre ; comme il en manque toujours plus ou moins, les surnuméraires de celles qui ont bien levé ensemble dans un même bouquet, peuvent servir a regarnir les places vuides, ou être plantées ailleurs.

On ne fait guere le choix des pieds qui doivent rester en place, que lorsqu'ils ont quinze à vingt-quatre pouces de haut ; ceux qu'on retranche, doi-

vent être levés avec délicatesse, pour n'offenser ni
leurs racines, ni celles des arbres dont on les separe, et même ne deranger aucune de celles ci. parce que le *Cacaoïer* est extrémement délicat : on les
replante aussitôt, avec la précaution de ne laisser
aucune racine dans une position qui les oblige a se
courber : il seroit peut-être plus avantageux de mettre dans les quinze jours de nouvelles graines à la
place de celles qni ont péri, ou pour suppléer aux
pieds languissans.

La distance qu'il convient de laisser entre chaque
arbre, n'est point encore déterminée ; on plante de
cinq à douze ou quinze pieds, surtout lorsqu'on
plante dans des endroits montueux ; ceux qui les
mettent près les uns des autres, observent que les
Cacaoïers tenus de cette maniere dans nos Isles,
donnent beaucoup plus de fruit, qu'on n'en recueille
dans la Terre-Ferme, où les arbres plus éloignés,
emploient une plus grande partie de la seve a se
fortifier eux-mêmes, en sorte qu'ils n'ont sur ceux
des Isles, que l'avantage de la hauteur et de la grosseur Il est certain que les arbres plantés près-à-près, couvrent plutôt le terrein. et qu'espacés à 8
pieds, chacun d'eux peut faire un arbre de plus de
trente pieds de circonférence ; en trois ou quatre
ans les herbes cessent d'y croître, le travail se reduit
à oter les guis, à détruire les insectes, au moyen
de quoi, sans multiplier les brins, on peut replanter ailleurs une assez grande quantité d'arbres et augmenter par progression, dans peu d'années, le
nombre de ses *Cacaoïeres*. Plus les arbres sont éloignés les uns des autres, plus on est long tems assujeti a sarcler et a netoyer le terrein : ainsi en plan-

tant près-a-près , on peut avoir vingt-quatre mille pieds d'arbres rapportant , au lieu que d'autres avec les mêmes formes , et dans un terrein également bon n'en auront que huit milles.

Les arbres qui ne tardent pas a se toucher et à entrelacer leurs branches, semblent être plutôt en état de se soutenir mutuelement pour résister au vent ; leur abri reciproque fait que la pluie en détruit moins de fleurs , et qu'ils rapportent plutôt ; enfin dans les cas ou quelques uns viennent à périr , le vuide est moins sensible ; au contraire , lorsqu'ils sont à douze ou quinze pieds de distance, un ou deux arbres qui périssent, forment un grand vuide, que les branches voisines ne rempliront presque jamais , et qui en laissent , pendant plusieurs années, beaucoup d'autres exposés à toute l'action du vent.

On a dit que l'ardeur du soleil pouvoit nuire aux *Cacnoïers*, surtout dans les terres argilleuses et dans celles où le sable domine ; on a vu ci - devant, qu'une *Cacaoïere* ne peut pas bien réussir dans un terrein argilleux , parce que les racines ne peuvent pas pivoter ; pour ce qui est des terres seches et lègeres , le jeune plant y souffre beaucoup du soleil , si on ne met à ses côtés deux rangées de manioc , à un pied et demi des *Cacaoïers* , ce qu'on fait en même tems que l'on plante le *Cacao* , soit un mois ou six semaines plutôt ; cette derniere méthode fait que le *Cacao* se trouve abrité en levant , et que les mauvaises herbes n'ont pas le tems de prendre le dessus : c'est ici le cas d'employer le bambou et de le substituer au manioc ; l'autre pratique exige de sarcler souvent , jusqu'à ce que le manioc soit assez fort pour étouffer les autres herbes. Au bout de

quinze

quinze mois, lorsqu'on fait la recolte du manioc,
on en replante d'autre, sur une rangée seulement,
au milieu de chaque allée et on garnit le reste du
terrein en melons d'eau, concombres, giraumons,
jusquiames, patates, choux caraïbes; toutes ces
plantes couvrent promptement la surface, empe-
chent la production des autres herbes, et fournissent en peu de tems de quoi nourrir les negres: il
est à propos de détourner ces plantes, lorsqu'elles
approchent des *Cacaoïers*. Quelques cultivateurs
ménagent des rigoles dans la Cacaoïere, pour arroser les pieds du jeune plant durant la saison, jusques que son pivot soit parvenu à une profondeur
où il trouve une humidité habituelle et suffisante.
Le vent est bien plus dangereux pour les *Cacaoïers*,
que le soleil. On a déja parlé des allées que l'on
forme soigneusement autour du terrein avec des
arbres, il est encore à propos d'en planter d'autres
parmi les *Cacaoïers*; les plus convenables sont les
bananiers, les bacovins, sortes d'arbres très-utiles,
mais trop negligés; ils sont a-peu-près de la hauteur des *Cacaoïers*, et acquierent toute leur perfection en douze ou quinze mois; le tronc a alors environ quinze à dix-huit pouces de circonférence,
et n'est composé que des côtes des premieres feuilles, qui se couvrent les unes les autres, comme les
écailles de poisson; les feuilles qui forment un assez
gros bouquet à la cime de l'arbre, ont cinq à six
pouces de long, sur une largeur proportionnée;
ces arbres donnent quantité de rejets, qui attai-
gnent bientôt la hauteur et la grosseur des arbres
mêmes, et qui, tous ensemble, font une masse de
quinze à vingt pieds de tour; ces arbres sont très-

acqueux et tiennent toujours la terre fraîche et humide, ce qui convient très-fort au *Cacaoïer* ; il est
vrai que ces arbres ne rapportent qu'une seule fois,
et qu'ils périssent dès que le fruit est coupé ; mais
on peut dire qu'ils ne meurent point, puisque les
rejets les remplacent toujours avec avantage et donnent des fruits au bout de huit mois ; tout cela dé-
dommage amplement des frais de la *Cacaoïere.*

On peut donc environner les quarrés par une ou
deux rangées de ces arbres, plantés à cinq ou six
pieds l'un de l'autre, et en former d'autres rangées
dans la piece.

Il y a des endroits ou l'on met du maïs, du ma-
niec et des cotoniers parmi les *Cacaoïers,* pour les
abriter du vent, mais ces plantes sont assez long
tems à acquérir une certaine hauteur, qui n'est jamais fort considérable ; le maïs et le manioc, qu'il
faut cueillir au bout de quelques mois laissent alors
les *Cacaoïers* sans abri : le manioc, à la vérité, sert
à prévenir le mal que les *Cacaoïers* reçoivent des
fourmis ; elles préferent cette graine.

La graine de *Cacao* est pour l'ordinaire de sept à
douze jours en terre, avant de lever ; ses progrés
varient beaucoup, selon les terreins. A mesure que
le jeune arbre grandit, le bouton qui avoit constamment terminé la tige, se partage en plusieurs
branches, dont le nombre est communement de
cinq, et c'est ce qu'on appelle la *couronne de l'arbre.*
S'il y a moins de branches, on croit devoir l'éteter,
pour donner lieu à la formation d'une nouvelle couronne, meilleure que la premiere. On coupe les
branches qui excedent ce nombre, comme pouvant
faire prendre à l'arbre une forme défectueuse ; ces

branches produisent une multitude de racines et s'étendent horizontalement. Le tronc continue de croître et grossir, et les feuilles ne viennent plus que sur les branches.

Les *Cacaoïers* ne sont pas plutôt couronnés, que de tems en tems, ils poussent un peu au-dessous de leur couronne des nouveaux jets appelés *rejettons*. Si on abandonne ces arbres, sans les géner dans leurs productions, ces rejettons forment bientôt une seconde couronne, sur laquelle naît ensuite un nouveau rejetton, d'où il en sort une troisieme, au moyen de quoi la premiere couronne est presque anéantie ; l'arbre s'afile, en s'elevant considérablement, et toutes ses branches s'étendent à droite et à gauche, de sorte que l'arbre paroît dans peu de tems comme un gros buisson sans tronc. Ceux qui cultivent le *Cacao*, préviennent ces productions nuisibles aux recoltes des fruits, en rejetonnant, c'est-à dire, en châtrant tous les rejettons, lorsqu'ils sarclent, ou dans le tems de la recolte.

On arête le *Cacaoïer* à une hauteur médiocre, non-seulement pour avoir plus de facilité à recueillir, mais encore, pour qu'il soit moins tourmenté des vents ; cette hauteur varie selon les endroits.

L'âge auquel il commence a fleurir et a donner des fruits n'est pas fixe, c'est pour l'ordinaire après dix-huit mois ou deux ans ; ceux qui sont plantés, en donnent quatre au cinq mois plulôt ; ils sont couverts de fleurs et de fruits pendant toute l'année : cependant on ne fait que deux recoltes principales, une en decembre, janvier et février, et l'autre dans les mois de mai, juin et juillet ; on estime par préférence la recolte d'hiver ; cependant l'humidité de la saison doit rendre les fruits plus dificiles à secher, et se conserver. Le fruit est environ quatre mois à se former et à se mûrir; le signe de sa maturité est, lorsque le fond des sillons à entierement changé de couleur, et que le petit bouton d'en bas du fruit est la seule chose qui paroisse verte, on cueille pour lors le fruit.

Pour faire la recolte, on met un nègre à chaque rangée, pour abattre les fruits, mais avec une fourche de bois, ou il les arrache avec la main; tantôt le même nègre les met à mesure dans un panier; tantôt ce panier est entre les mains d'un autre qui le suit, et qui va le vuider au bout de la file chaque fois qu'il est plein.

Tout étant ramassé et mis par piles, on casse les cosses sur le lieu même, au bout de trois ou quatre jours; on dégage les amandes d'avec le mucilage et tout ce qui les environne, et on les porte de suite à la maison. Les cosses qu'on laisse à la *Cacaoïere*, s'y pourrissent et peuvent ensuite servir d'amendement, mais on doit prendre garde qu'il ne s'y amasse point d'insectes, on feroit grand tort aux plantes près desquelles on les charrieroit; les feuilles des *Cacaoïers* amendent pareillement la terre, soit lorsqu'on les enfouit par des labours, soit que demeurant éparses à sa superficie, elles conservent l'humidité.

Aussitôt que les amandes sont arrivées à la maison, on les entasse dans des paniers, ou dans de grandes auges de bois et élevées à quelque distance de la terre; on les y laisse suer pendant quatre ou cinq jours, plus ou moins, bien couvertes de feuilles de balisier, ou de bananier, ou avec quelques nattes assujeties avec des planches ou des pierres ; on les y retourne soir et matin, durant cette fermentation ; elles deviennent d'un rouge obscur ; après ce tems, on les expose, pendant quelques heures, à un soleil vif et ardent, sur des claies, ou dans des caisses plates, dont le fond soit à jour, afin de dissiper un reste d'humidité, qui pourroit les gâter ; on les y remue et retourne fréquemment, ensuite on acheve de les faire secher à un soleil plus modéré, ayant soin de les mettre à couvert pendant la nuit et lorsque le tems est humide ou pluvieux ; quand les amandes sont bien séches, on les met dans des futailles, ou dans des sacs et au grenier, où elles se conservent jusques que l'on trouve occasion de les vendre. Arthur approuve beaucoup, qu'avant de les serrer, on les mette tremper une demi journée dans l'eau de mer, et qu'on les fasse secher une seconde fois.

Une *Cacaoière* bien levée produit considérablement ; les plantes qui servent à la garantir d'accidens, remboursent les frais de sa plantation et de sa culture : ces frais se reduisent à la nourriture de quelques Nègres, qui peuvent presque vivre avec les productions destinées principalement à favoriser et conserver les *Cacaoïers* ; les amandes du *Cacao* sont donc un gain bien réel ; en évaluant le produit de chaque arbre à deux livres d'amandes seches, et leur vente à sept sols six deniers par livre, on retire quinze sols de chaque arbre : vingt Nègres peuvent entretenir cinquante milles *Cacaoïers*.

Pour maintenir ces arbres en bon état pendant deux ou trois années, il faut avoir soin de leur donner deux façons tous les ans, après la premiere recolte d'été, un peu avant la saison des pluies, savoir : 1°. De les rechauffer avec de terre chaude, après avoir bien labouré tout autour, cela empêche que les petites racines ne prennent l'air et ne se dessechent. 2°. La seconde opération est de tailler le bout des branches, quand il est sec, et de couper tout près de l'arbre celles qui sont beaucoup endommagées, mais il ne faut pas penser à racourcir les branches vigoureuses, ni faire de grandes plaies ; comme ces arbres abondent en suc laiteux et glatineux, il se feroit un épanchement, qu'on auroit bien de la peine a arrêter, et qui les affoibliroit beaucoup.

Les *Cacaotiers* ont pour ennemis ; les hannetons, les rats, différentes sortes de fourmis, des espèces de sauterelles nommées *criquets* ; ceux-ci mangent les feuilles et par préférence les bourgeons, ce qui fait péir l'arbre, ou du moins le retarde beaucoup. Jusqu'à présent on n'a point connu d'autre moyen de s'en garantir, que de les faire chercher soigneusement, pour en détruire le plus qu'il est possible.

Les fourmis blanches, nommées à Cayenne poux des bois, font un grand dégât, et les fourmis rouges encore plus ; en une seule nuit, elles ont quelquefois ravagé de vastes plantations ; elles s'atachent principalement aux jeunes arbres : on les détruit en jettant quelques pincées de sublimé corrosif dans leurs nids, ou sur leur route ; celles que ce sublimé touche périssent en peu de tems, et portent la contagion et la mort parmi les autres, en se mélant avec elles dans leurs nids. Quand aux fourmis rouges, un moyen de les détruire est de fouiller la terre, et de jetter quelques pots d'eau bouîllante dans les fourmillieres que l'on anéantira.

L'abbé Rozier, dans son *Cours d'Agriculture*,

donne un autre moyen : après avoir découvert les nids des fourmis, dit-il, il faut couvrir avec un peu d'huile la surface du terrein criblé de troux ; mais auparavant il faut le mouiller légerement avec de l'eau, afin que si le terrein est sec, il n'absorbe pas l'huile, et tous les insectes quelconque couverts d'huile périssent, parce qu'ayant l'ouverture de leur poumon, ou trachée artère sur le dos, près du cervelet, cette huile bouche la trachée, l'animal ne peut plus respirer et périt.

On cultive les *Cacaoïers* dans quelques contrées de l'Europe par pure curiosité ; il faut pour cela que les noix soient plantées dans l'Amérique même, aussitôt qu'elles sont recueillies, dans des caisses pleines de terre, parce que sans cela leurs germes périroient avant d'arriver ; on tient les caisses à l'ombre et on les arrose frequemment, pour avancer la végétation ; quinze jours après elles commencent à pousser hors de terre, on les arrosera pour lors pendant la secheresse, et on les placera à l'abri des rayons du soleil, qui font d'autant plus du tort à ces plantes, qu'elles sont plus jeunes ; on arrache avec soin toutes les mauvaises herbes, qui pourroient les étouffer ; lorsque ces jeunes plantes sont devenues assez fortes, pour pouvoir être transplantées, on les embarque dans le navire, et on les place à l'abri des vents froids, de l'eau salée et de la grande chaleur du soleil. Pendant la traversée on les arrose souvent, cependant peu à la fois ; mais si on traverse un climat froid, il faut avoir la précaution de les abriter autant qu'il est possible, on ne les arrosera même pas plus d'une fois chaque semaine.

Les jeunes arbres arrivés une fois à leur destina-
tion, on les tire avec soin des caisses : on les trans-
plante séparément dans des pots remplis de ter-
reau ; on enfonce ces pots dans une couche de tan
de chaleur tempérée, où on couvre les vitrages
pendant les chaleurs du jour pour les garantir des
rayons du soleil, et on les arrose souvent et modérement : on laisse ces pots dans la couche jusqu'à
la Saint Michel, on les transporte pour lors dans
la serre chaude, et on les enferme dans l'endroit le
plus chaud de la couche de tan. Pendant l'hiver
on les arrose fréquemment, mais toujours modéré-
ment ; en été on les arrose plus souvent, mais comme ils ne peuvent subsister au plein air de nos climats, même pendant la saison la plus chaude de
l'année, il faut les garder constamment dans la serre
chaude, en leur donnant néanmoins beaucoup d'air
pendant l'été et beaucoup de chaleur pendant
l'hiver. A mesure que les jeunes plantes grandis-
sent, on les met dans de plus grands pots, sans
déranger ni froisser les racines, car il n'en faut pas
souvent d'avantage pour les faire périr. Il faut aussi
éviter de les mettre dans des pots trop grands ; on
aura soin aussi de laver et de netoyer exactement
les feuilles, parce qu'elles sont sujettes à se charger
d'ordures, occasionnées par de petits insectes qui s'y
rassemblent ; en suivant exactement toutes ces pré-
cautions, on parviendra à conserver cet arbre et à
le faire fleurir en France, mais il aura de la peine
a y donner du fruit. Le principal objet pour lequel
on cultive le *Cacaoïer*, est la grande consommation
de ses amandes pour faire du *Chocolat*, liqueur nourrissante et graticuse.

Le *Cacao* qui nous est apporté des côtes de Caraque, est plus onctueux et moins amer que celui
des autres Iles, et on le préfère en Espagne et en
France à ces derniers. mais en Allemagne et dans
le Nord, on est tout opposé à ce goût. Plusieurs
personnes mêlent le *Cacao* de Caraque avec celui
des Iles, par moitié, et elles disent que par ce mélange elles obtiennent du *Chocolat* meilleur.

Dans le commerce on distingue cinq espèces de
Cacao ; la première et la seconde sont le gros et le
petit *Cacao*, qui nous viennent de Nicaragua et qui
se nomme par les noms communs de gros et petit
Caraque.

La troisieme espèce est celui qui est cultivé par
les Anglais dans l'ile de Barbiche. aussi lui-a-t-on
donné le nom de *Cacao de Barbiche*.

Les quatrieme et cinquieme espèces sont le gros
et petit *Cacao* des autres Isle. Toutes ces prétendues
espèces n'en forment qu'une, car tous les Auteurs
s'accordent à n'en admettre qu'une seule espèce ;
et si ces cinq prétendues espèces paroissent varier,
cela ne provient que de la maniere de les recolter,
et de la façon de les préparer.

On a analysé une livre de *Cacao* crud et pilé,
après en avoir rejetté les coques ; on l'a distillé
dans la cornue, il en est provenu environ trois
onces de différentes liqueurs, qui contenoient l'une
et l'autre sel. l'accide et l'âcre ; ensuite sept onces
d'une huile d'abord transparente tandis qu'elle
étoit chaude, et qui après elle a acquis la consistance du beurre en se refroidissant, et est devenue
roussâtre, d'un goût âcre, piquant, et d'une odeur
subtile. La masse noire restée dans la cornue pe-

soit cinq onces ; bien calcinée, elle a donné deux gros de sel sale ; les parties n'ont perdu dans la distillation qu'une once.

On ne tire pas seulement des amandes du *Cacao* beaucoup d'huile, par la distillation, mais encore par l'expression et la coction ; l'expression d'une livre de *Cacao* pilée, chauffée et mise ensuite sous la presse, donne deux onces d'huile ; si on fait bouillir le marc dans l'eau, on en retire encore trois onces deux gros d'une huile épaisse ; conséquemment ce total de l'huile tirée de la livre de *Cacao* fournit cinq onces deux gros.

Enfin une livre de *Cacao* bien broyée sur une pierre chaude, qu'on délaie dans trois livres d'eau bouillante et qu'on épaissit ensuite comme de la bouillie, donne beaucoup d'huile, qui surnage par - dessus cette bouillie épaisse, que l'on separe peu - à - peu, jusqu'à ce qu'on l'ait enlevée ; cette huile s'étant épaissie comme du suif, pèse neuf onces demi gros, a l'odeur du *Cacao*, est fort compacte, dure comme du suif de mouton et blanche.

On peut conclure de là, que le *Cacao* contient beaucoup d'huile épaisse, ou de graisse, mais avec une certaine quantité de terre et une partie médiocre de sels, soit accide, soit âcre ; il en resulte un composé gommeux, huileux, gras et épais, et c'est en cela que consiste la vertu essentielle de l'amande du *Cacao*.

Seconde espèce du Cacaotier.

Linnée donne pour seconde espèce du *Cacaotier*, le *Guazaminier* du P. Plumier, *Theobroma Guozama*, *Theobroma foliis serratis*. Linn. *syst. plant. edit.*

Richard, *tom. I. pag.* 582. L'orme de l'Amérique.

Les feuilles de cet arbre sont parsemées de catares, on n'y remarque point de boutons ; ses feuilles sortent enveloppées au bord par des espèces de dents de scie, pliées, imbriquées ; les feuilles sont alternes, petiolées, en forme de cœur, drappées obtusement et inégalement, à dents de scie pointues, à trois nervures raboteuses, vaineuses, luisantes, pendantes, semblables aux feuilles d'orties ; les stipules sont opposées, en forme d'alène, lancéolées près les rameaux, ayant à l'extérieur un pore qui donne du miel ; les petioles sont cylindriques six fois plus courts que les feuilles, plus épais vers la feuille ; les fleurs sont en bouquets, semblables à celles de la dague ; les petales sont jaunes, à deux arêtes pourprées ; les anthères sont au nombre de trois, et même de cinq, genouillées à chaque filament, entre les creux du nectair, campanulés ; le styl est fendu en cinq au sommet, aigu. Cet arbre porte ses feuilles totalement penchées sur ses petioles : son espèce croit naturelement dans les campagnes de la Jamaïque. Il est représenté dans l'*Histoire naturele* de Buc'hoz, *part. des planc.* ; dans la douzieme édition du *Systema natura*. Linnée a donné une troisieme espèce du *Theobroma*, qu'il a appellé *Theobroma angusto* ; mais Linnée fils a tiré cette espéce de ce genre, pour en faire un genre particulier, sous le nom d'*Abroma* ; il auroit encore bien fait d'en tirer le *Guazaminier*, dont le fruit est bien différent de celui du vrai *Cacaoïer*, et qui, par cette raison devroit convenir à un autre genre. Aussi Jussieu dans son *Genera plantarum*, l'a-t-il fait, et il dit que le bois du *Gua-*

zaminier est blanc et flexible, qu'on en fait des cercles pour les tonneaux ; ses feuilles et son fruit forment une nourriture excelente pour le betail ; aussi lorsque les propriétaires arrachent les bois et défrichent la terre pour la cultiver, ils ont grand soin d'y conserver le *Guazaminier*, pour fournir de la nourriture à leur betail, dans les tems de secheresse et de disete des fourages. On cultive cet arbre en Europe, dans les jardins des curieux ; il se multiplie par semences, qu'on se procure aussi fraîches qu'il est possible, du pays où cet arbre croît naturelement ; on le sème au printems sur une couche chaude, et quand les jeunes jets sont assez forts pour être levés, on les met chacun dans un petit pot, qu'on enferme dans une couche de terre chaude ; on aura la précaution de les garantir du soleil, jusqu'à ce qu'ils soient bien repris ; au surplus on les gouvernera de la même maniere que les cafetiers en Europe.

Missin, médecin de Paris, a annoncé dans la *Nature considerée*, par Buc'hoz, que le fruit et la fleur du tilleul, préparées convenablement, réunissent les propriétés, le goût et l'odeur même de la Vanille et du Cacao ; il se proposoit, ce qu'il n'a pas fait, d'en publier la préparation ; il se flatoit même de démontrer que tous les arbres de cette même famille peuvent donner la même substance que l'amande dont ou fait le *Chocolat*. Bernard de Jussieu enseignoit la même chose dans ses *Démonstrations*. On sait que le tilleul touche de près le *theobroma*, dans l'ordre naturel.

CHAPITRE II.

DE LA CANELLE.

LE *Canellier*, ou l'arbre dont on tire la *Canelle*, est un laurier dont la racine est grosse, branchue, fibreuse et dure ; son écorce est d'un roux grisâtre en dehors, rougeâtre en dedans ; elle approche pour l'odeur à celle du camphre ; le tronc s'élève de vingt à vingt - quatre pieds, il en part beaucoup de branches, qui sont revêtues d'une écorce verte d'abord, mais qui rougit avec le tems ; lorsqu'elle est séche elle devient âcre, piquante, aromatique ; son bois est blanc intérieurement, dur, sans odeur ; ses feuilles sont semblables à celles du laurier ; elles ont jusqu'à huit pouces de longueur, sont ovales, terminées en pointe, luisantes, couleur de loin lorsqu'elles sont tendres ; elles deviennent en vieillissant d'un vert foncé en dessus, et d'un vert plus clair en dessous ; elles ont le goût et l'odeur de la canelle ; ses fleurs sont petites, étoilées, en six divisions, disposées en bouquets, d'une odeur agréable ; elles ont deux rangs d'étamines et un pystil, qui devient un fruit ou baie ovalaire, gros comme un gland de chêne, ou comme des olives, auxquelles il ressemble en quelque façon ; ces sortes de fruits sont dabord verts, puis rougeâtres, et deviennent ensuite d'un noir luisant, d'une odeur aromatique, approchant de celle du girofle, et empreints d'une certaine huile très-grasse, que l'on tire après l'avoir fait bouillir dans l'eau ; elle

ressemble par sa nature à l'huile de noix musca-
de, et par sa blancheur et sa consistance au suif
des animaux. Suivant Gmelin, ses fleurs sont dioï-
ques. Cette espèce est représentée par Buc'hoz,
dans son *Histoire naturelle, part. des plantes*, d'a-
près Jacquin, pl. 127 : dans le *Burmani thesaurus
Zeylanicus*, pl. 27 ; dans l'*Hermani hort. Lugd.* pl.
655, et dans l'*Hortus Malab.* tom. *I*, pl. 157.

Cet arbre est très-commun dans l'île de Ceylan.
Jacquin, professeur de botanique à Vienne en Au-
triche, a trouvé des *Canelliers* à la Martinique, une
des colonies françaises.

Cet arbre n'est pas si délicat qu'on se l'imagine
communément ; on a même observé que ceux que
l'on traitoit dans nos climats le plus délicatement,
y périssoient. Et en effet, une trop grande chaleur
est préjudiciable à ces arbres ; par consequent,
quand les plants du *Canellier* ont pris racines dans
des pots, on les met pendant l'été dans une serre
vitrée, ou ils puissent avoir de l'air suffisamment
pendant les chaleurs, et on les transporte l'hiver dans
une étuve modérement chaude. On doit au zele de
M. Poivre, d'avoir multiplié le *Canellier* dans l'île de
France, pendant qu'il en étoit gouverneur. Ce
voyageur et bienfaisant philosophe a rendu à cette
île et celle de Bourbon, le même service pour le
Canellier, que M. Déclieux a rendu à la Martinique, et de là à toutes les îles voisines, en y portant
le café.

Le *Canellier* mérite à juste titre d'être surnom-
mé le roi de tous les arbres, et en effet, il a la
prééminence sur tous ; on tire de ses fleurs une
huile, un esprit et une conserve très-précieuses et

très - usitées en médecine ; on pulvérise ses feuilles et on en prescrit efficacement la poudre, dans la colique, la timpanité et les douleurs des intestins. On tire aussi de ces mêmes feuilles de l'eau et de l'huile distillées, du sirop et de l'huile cuite, que l'on conseille intérieurement dans une infinité de maladies, dont on peut voir le détail dans le *Laboratoire de Ceylan*. Les fruits fournissent pareillement une eau et une huile très-fortes, distillées et cuites, dont on se sert en guise d'emplâtre et de liniment. Enfin, l'esprit tiré de toutes les parties de cet arbre précieux est regardé comme un vrai baume de vie, qui convient spécialement dans les maladies de la tête, de l'estomac et de la matrice. Nous parlons ici uniquement de son écorce, comme la partie employée pour le *Chocolat*, et la seule partie de cet arbre dont on fasse usage en Europe.

Cette écorce est connune dans les boutiques sous les noms de *Canelle*, *Canelle fine*, *Canelle ordinaire*. Cette *Canelle* telle quelle s'y trouve, est une écorce mince, roulée en petits tuyaux, ou canules, de la longueur d'environ un pied et demi, d'une substance ligneuse et fibreuse, néanmoins cassante, ayant la superficie tantôt ridée, tantôt unie, d'un jaune rougeâtre, ou tirant sur le fer, d'une saveur âcre, piquante, aromatique, mais agréable, d'une odeur douce et très - pénétrante.

On dépouille le *Canellier* de son écorce au mois de mai ; cette opération le fait communément mourir, mais comme il s'élève de sa racine plusieurs branches, après en avoir coupé le tronc, et que ces branches en peu de tems deviennent des arbres d'où l'on peut tirer la *Canelle*, l'espèce n'en peut point manquer.

L'arbre étant dépouillé de son écorce, et celle-ci purgée de sa partie extérieure cendrée, on l'expose au soleil pour la faire secher: elle se roule en sechant, en façon de baguettes, et les vésicules de la membrane intérieure, très-mince et étroitement adhérente à celle du milieu, venant à se rompre, l'huile éthérée qu'elle renferme pénètre dans toute l'écorce et lui communique également une saveur gratieuse et une odeur aromatique, qu'elle n'avoit pas auparavant; on sent par-là pourquoi les bâtons dont l'écorce est plus mince, sont toujours préférables à ceux dont elle est plus épaisse. En effet, une certaine quantité d'écorce plus épaisse, contient plus de substance verte et styptique, et bien moins d'huile aromatique, qu'une même quantité d'écorce mince; ainsi, comme la vertu aromatique vient uniquement de cette huile, il ne paroîtra pas étonnant qu'elle soit plus foible dans les écorces les plus épaisses. La différence du lieu et du terroir où croît le *Canellier*, produit aussi une différence dans l'écorce de cet arbre.

Les *Canelliers* de Ceylan, du Malabar, de Java ne sont pas non plus les mêmes que celui qui est cultivé et celui qui ne l'est pas; il y a encore de la variété selon l'âge de l'arbre et les défférentes parties dont on tire l'écorce; la *Canelle* d'un jeune arbre diffère de celle d'un vieux; l'écorce du tronc n'est pas la même que celle des branches, et l'écorce des racines diffère encore des deux précédentes en qualité.

Quand on choisit la *Canelle*, il faut prendre par préférence celle qui est d'un jaune pâle; il faut que les morceaux en soient beaux sans être trop épais, ni pesants, ni ligneux : il faut en outre qu'ils soient roulés sur eux-mêmes, d'une odeur forte, douce, suave ; d'un goût piquant, mais sans sentiment de feu.

On rencontre dans la *Canelle* trois principes actifs, un spiritueux huileux, un résidu et un terreux gommeux ; et en effet, si on en concasse grossierement une livre, et si après l'avoir macerée pendant un tems convenable dans l'eau salée, on la fait distiller dans un alambic, en augmentant le feu par degrés, il en sort une eau très-pénétrante, luisante, fort remplie d'une partie huileuse spiritueuse, et d'une saveur aromatique de la *Canelle*, qui transporte avec elle dans le recipient l'huile substantielle même, de couleur d'or et d'une odeur aromatique très-gracieuse ; cette huile étant d'une pesanteur beaucoup plus grande que l'eau, tombe au fond, et se trouvant deux ou trois jours après, separée du reste, on en obtient environ un gros deux scrupules et quelques grains, ou même deux gros, si la Canelle est des meilleures.

L'extrait de *Canelle* prouve aussi l'existence de ces principes dans cette substance ; si on expose à une douce digestion une once de Canelle pulvérisée dans une suffisante quantité d'eau, l'infusion qui en résulte est d'un brun rougeâtre, d'une saveur douceâtre, mêlée d'aromatique, de légerement astringent et de l'odeur de la *Canelle* ; et en effet, on sent pendant l'évaporation l'odeur gratieuse de cette écorce ; il s'éleve dabord à la surface une grande quantité de matiere écumeuse, grasse, de couleur d'un rouge pâle : cette matiere provient sans doute des particules de l'huile éthérée , chassées par la chaleur et mêlées d'une terre plus tendre. L'extrait reduit à parfaite seccité , pese environ un gros , est brunâtre, d'un goût foible et astringent. La premiere teinture spiritueuse est noirâtre, d'un goût astringent, mêlée néanmoins de doux et de légerement astringent , de l'odeur spécifique de la *Canelle*. L'extrait en est d'un brun noirâtre , d'un goût astringent gracieux , en même tems douceâtre et aromatique. Une once de *Canelle* en fournit un gros et demi : on peut conclure de cette expérience , que la vertu astringente de la *Canelle* dépend principalement de sa partie gommeuse ; l'aromatique de la résineuse et de l'huile éthérée , et que par conséquent sa teinture et son infusion dans du vin surpassent de beaucoup son infusion dans l'eau.

La *Canelle* s'emploie quelquefois comme épice parmi les alimens ; on en met sur - tout dans les tourtes de pommes ; on s'en sert aussi pour des liqueurs. On l'emploie également dans les pastilles , les dragées , les confitures , mais particulierement et avec sensualité dans le *Chocolat* , ce qui nous donne occasion d'en parler ici.

Les habitans de la Jamaïque emploient la *Canelle* blanche en guise de poivre et de cloux de girofle, dans leurs ragoûts.

CHAPITRE III.

DE LA VANILLE.

La *Vanille* est ce qu'il y a de plus usité dans la confection du *Chocolat* ; elle se nomme en botanique *Epidendrum vanilla*. Ses racines sont presque de la grosseur du petit doigt, longues d'environ deux pieds, plongées dans la terre au long et au large ; d'un roux pâle, tendres et succulentes, jettant le plus souvent une seule tige mince, qui, comme la clématite, monte fort haut sur les grands arbres et s'étend même au-dessus ; cette tige est de la grosseur du doigt, cylindrique, verte et remplie intérieurement d'une humeur visqueuse ; elle est noueuse, et chacun de ses nœuds donne naissance à une feuille ; ses feuilles sont molles, un peu âcres, disposées alternativement, et pointues en forme de lance, longues de neuf ou dix pouces, larges de trois, lisses, d'un vert gai, creusées en gouttiere dans le milieu, et garnies de nervures courbées en arc. Lorsque cette plante est avancée dans sa force, des aisselles des feuilles supérieures il sort de longs rameaux garnis de feuilles alternes ; ces rameaux donnent naissance à d'autres feuilles plus petites.

De chaque aisselle des feuilles qui sont vers l'extrémité il sort un petit rameau differemment genouillé, et à chaque genouillere se trouve une très-belle fleur polypetale irreguliere, composée de six feuilles, dont cinq sont semblables et disposées presqu'en rose. Les feuilles de la fleur sont oblongues,

étroites, tortillées, blanches en dedans, verdâtres en
dehors ; la sixième feuille, ou le nectaire qui occu-
pe le centre, est roulée en maniere d'oignon et
portée sur un embryon charnu, un peu tors, semblable à une trompe : les autres feuilles de la fleur
sont aussi posées sur le même embryon, qui est
long, vert, cylindrique, charnu, et qui se change
ensuite en fruit ou espèce de petite corne molle,
charnue, presque de la grosseur du petit doigt,
d'un peu plus d'un demi pied de longueur, noirâtre
lorsqu'il est mûr, et enfin rempli d'une infinité de
petites graines noires. Les fleurs et les fruits de cette
plante sont sans odeur.

Hernandez nous a aussi donné la description de
cette plante : il prétend que c'est une espèce de
liséron, qui grimpe le long des arbres et qui les
embrasse. Ses feuilles ont, suivant lui, onze pouces
de longueur, un de largeur, ont la figure des
feuilles de plantain, mais plus grosses, plus longues et d'un vert plus foncé ; elles naissent alternativement de chaque côté de la ligne ; ses fleurs sont
noirâtres. La différence qui se trouve dans la description par le P. Plumier et par Hernandez, c'est
que la fleur de celle de Plumier est blanche et un
peu verte, et la gousse est sans odeur, tandis que
celle d'Hernandez est noire, et la gousse d'une
odeur agréable. Nous plaçons la *Vanille* dans le
genre des épidendron.

Le caractere de l'épidendron est d'avoir des spathes
aigus, et un spade simple sans perianthe ; les pétales de la corolle sont au nombre de cinq, oblongs,
très-longs ; le nectaire est tubulé par la base, tur-
biné, posé par le dos entre les pétales, à bouche

(41)

oblique, fendue en deux, dont la levre supérieure
est très-courte, fendue en trois; l'inférieure se
termine en pointe : les filamens des étamines sont
au nombre de deux très-courts, s'appuyant sur
le pystil : les antheres sont couvertes de la levre supérieure du nectaire; le germe du pystil est menu,
long, entortillé, inférieur; le styl est très-
court, attaché à la levre supérieure du nectaire; le
stigmate est foncé; le péricarpe est une silique très-
longue, cylindrique, charnue; les semences sont
nombreuses, très-menues. Ce genre fait partie de
la seconde classe de *Linnée*, qui comprend les
plantes gyandriques diandriques. Cet auteur en admet une infinité d'espèces, dont la *Vanille* fait la
première. La premiere description que nous avons
donnée est la plus exacte, le P. Plumier l'a faite sur
la plante même.

La *Vanille* est une plante parasite, il est donc im-
possible de la cultiver dans ce continent. Malgré tous
les soins que s'est donné Miller, pour l'y cultiver,
elle y a péri presque aussitôt. Dans son pays natal,
sa recolte commence vers la fin de septembre,
elle est dans sa force à la toussaint, et dure jusqu'à
la fin de decembre. On ignore, dit M. de Jaucourt,
si les Indiens cultivent cette plante et comment ils
le font, mais l'on croit que toute la céremonie qu'ils
font pour la préparation de son fruit, ne consiste
qu'à le cueillir à tems; qu'ensuite ils le mettent secher dix-huit ou vingt jours, pour en dissiper l'humidité superflue, ou plutôt dangereuse, car elle le
feroit pourrir, qu'ils aident même à cette opération, en pressant la *Vanille* avec les mains, et l'ap-
platissant doucement, après quoi ils finissent par

3

la frotter d'huile de coco, ou de colba et la mettent en paquets, qu'ils couvrent de feuilles de balisier ou de conliban.

Mlle. de Mérian a remarqué sur cette plante des
chenilles brunes, rayées de jaune ; elles se sont
dabord metamorphosées en nymphes, et ensuite en
de beaux papillons, dont le dessous est couleur de
safran et le dessus jaune, rouge et brun, avec des
taches argentées. Cet insecte est connu sous le nom
de *papilia nympholis vanilla*.

La *Vanille* est représentée dans les plantes du P.
Plumier, par Burman, planc. 189, et dans l'histoire
de la Caroline, par Catesby, T. 3. planc. 7. Elle
est parasite, ainsi que nous l'avons déja dit ; on la
trouve sur les arbres dans les Indes tant Orientales
qu'Ocidentales ; les endroits où elle se trouve plus
communement sont les côtes de Caraque où Car-
tagene, l'isthme de Darien et toute l'étendue qui
est depuis cet isthme et le golphe Saint Michel jusqu'à Panama, Jucatan et Honduras. On en trouve
aussi en quelques autres endroits, mais elle n'est
ni si bonne, ni en si grande quantité qu'au Mexi-
que. On dit qu'on en rencontre encore beaucoup
et de très-belle dans la terre ferme de Cayenne.
Comme la *Vanille* aime beaucoup les endroits frais
et ombragés, elles croît principalement auprès des
rivieres et dans les lieux où la hauteur et l'épaisseur
des bois la mettent à couvert des ardeurs trop vives
du soleil.

La gousse de la *Vanille*, qui est la seule partie
qu'on emploie en Europe, contient une certaine
humeur huileuse, résineuse, subtile et odorante,
qu'on extrait facilement par le moyen de l'esprit de

vin; après avoir tiré la teinture, la gousse reste sans odeur et sans suc. Dans l'analyse chimique, elle donne beaucoup d'huile essentielle, aromatique, une assez grande partie de liqueur acide et peu de liqueur vineuse et de sel fixe. On emploie rarement la *Vanille* en France; elle est reservée pour la composition du *Chocolat*, dont elle fait le principal agrément : on s'en servoit autrefois pour parfumer le tabac, mais les parfums ont passé de mode; ils ne causent que des vapeurs.

On vend dans les boutiques les gousses de *Vanille* par paquets, qui nous viennent par Amsterdam; chaque paquet y coute depuis douze jusqu'à vingt florins, monnoie de ce pays, suivant la variété, la qualité et la bonté. Il faut choisir la *Vanille* dont les gousses sont bien noires, odorantes, pesantes, un peu molles, sans être trop ridées, ni trop huileuses à l'extérieur ; il ne faut pas non plus qu'elles aient été mises dans un lieu humide, car alors elles pourroient se moisir; elles doivent non-seulement être exemptes de moisi, mais il faut encore qu'elles soient d'une odeur agréable, grosses et souples; il faut aussi prendre garde que toutes les gousses soient égales, parce que souvent le milieu des paquets ne se trouve rempli que de petite *Vanille* séche et de nulle odeur : la graine qui se trouve dedans et qui est extrêmement petite, doit être noire et luisante. On se gardera bien de rejetter une *Vanille* couverte d'une fleur saline, ou de petites salines très-fines, entierement semblables aux fleurs de benjoin, car la fleur de cette plante n'est autre chose qu'un sel essentiel dont le fruit est rempli, qui sort en déhors, quand on l'apporte dans un tems trop chaud.   4

Les Mexicains qui connoissent la valeur de la *Vanille* en Europe, ont soin après en avoir cueilli les gousses, de les remplir de paillettes et d'autres petits corps étrangers, d'en boucher ensuite les ouvertures avec un peu de colle, ou de les coudre adroitement ; ensuite ils les mettent sécher et les entremêlent avec les bonnes *Vanilles* Les gousses ainsi falsifiées n'ont ni bonté, ni vertu, et il ne manque pas de s'en rencontrer de telles avec les autres bonnes baies.

CHAPITRE IV.

DU SALEP DE PERSE.

Voici ce qu'à dit un ancien médecin, doyen de la Faculté de Médecine de Paris, sur la plante que l'on appelle *Salep de Perse* :

Le *Salep* dont on fait usage à Paris, et que l'on vante comme une ressource salutaire et de beaucoup au-dessus de la semoule et du vermicelle, pour les phtysiques et tous ceux que les maladies de poitrine, foiblesses d'estomac occasionnées par des épuisemens de travail et autres genres d'excès, mettent hors d'état d'user d'alimens solides, et que, pour ces bienfaisantes propriétés, depuis peu quelques fabricans de Chocolat l'ont admise avec succès dans la confection de leurs Chocolats (1), est une plante qui, selon Albert Séba, dans son *Trésor des choses naturelles*, et J. Harmant Degnerus, dans son *Historia medica de dissenteria biliosá contagiosá*, croît sur les confins de la Perse et de la Chine; elle a deux testicules, ou racines bulbeuses, oblongues et fibreuses, qui, au premier coup d'œil, paroissent unies et collées ensemble, mais qui dans la réalité sont separées. Ces bulbes de même que celles qui naissent dans nos climats, n'ont pas toutes la même forme; les unes sont rondes, d'autres sont

---

(1) Particulièrement M. DEBAUVE, ancien Pharmacien, fabricant de Chocolats rue St. Dominique fauxbourg St. Germain, n°. 4. à qui on doit cette heureuse et utile invention.

oblongues ; il y en a qui ressemblent à une campa-
nule, ou clochette rameuse, et il y en a qui ont la
figure d'un cœur.

De ces bulbes sort un feuillage unique, qui en-
vélope la tige. Cette tige s'éleve de l'entre-deux
des bulbes ; elle porte à son sommet des fleurs d'u-
ne belle couleur purpurine, qui, avant d'être déve-
lopées représéntent assez bien la figure d'un homme armé, sans mains et sans pieds ; dès qu'elles
sont ouvertes, cette figure disparoit. Lorsque les
fleurs sont passées, les racines deviennent grave-
leuses, mais elles conservent toujours leur glutino-
sité, qui sert à les défendre de la corruption. Si on
les fait secher, elles acquierent la dureté de la pierre, parce que leur partie gelatineuse est dépouillée
des parties humides qui l'amolissoient.

Il faut convenir que cette description n'a point
tout le mérite de ces descriptions détaillées, que
les botanistes donnent des plantes qu'ils ont sous
les yeux ; elle nous laisse ignorer bien des particu-
larités essentielles sur la tige, les feuilles, les fleurs
et les racines mêmes. mais quelqu'imparfaite qu'elle soit, les détails qu'elle contient, la description
d'autres espèces de *Saleps* de Perse. peu différens
les uns des autres, qui suit cette premiere description (*Voy*. les Mémoires de l'Académie, 1750),
suffisent pour décider l'espèce de *Salep*, et pour le
ranger dans la classe des orchis, ou des satirions,
avec lesquels il a en effet une si grande affinité,
qu'on peut le regarder comme l'orchide de la Perse.

Le *Salep* est désigné par tous les auteurs, sous les
mêmes phrases qu'est désignée l'orchide des boutiques : *Orchis morio*.

Cependant quelques personnes ont prétendu que le *Salep* n'étoit point une racine, mais bien un arbre, qui croît aux environs de Constantinople. Degnerus rapporte qu'on lui avoit écrit que ce fruit avoit la figure d'une figue, et qu'on le faisoit secher avant de s'en servir. La seule preuve qu'on ait donnée pour confirmer cette opinion, est tirée des pédoncules qu'on trouve sur le *Salep* désseché, pédoncules qui, dit-on, ressemblent beaucoup à ceux des figues : mais pour détruire cette foible induction, il suffit de jetter les yeux sur plusieurs de nos racines bulbeuses, qui ont de semblables pédoncules.

Le P. Sérici, jésuite missionnaire, dans une lettre qu'il écrivit à M Boire, sécretaire de la Compagnie des Indes, en 1755, appelle le *Salep*, gomme d'Arabie. La dureté, la transparence du *Salep* désseché et la propriété singuliere qu'à cette racine de se dissoudre dans la bouche, de même que la gomme arabique, quoique plus difficilement, sont sans doute la cause de la fausse dénomination que lui a donnée le P. Sérici.

Le *Salep* tel que je l'ai vu, est d'une couleur plus ou moins transparente ; les bulbes sont enfilées à une certaine distance les unes des autres, et c'est ainsi que le vendent les Turcs et les Persans, qui le préparent et en font un grand usage.

Quoique nous ne sachions pas au juste la maniere dont ils le préparent, cependant il est plus que vraisemblable qu'après avoir tiré les bulbes de la terre, on les fait bouillir dans de l'eau, on les dépouille de leur peau, et on les enfile exactement, séparées les unes des autres, pour les faire secher au soleil. Ce qui nous donne lieu de présumer que c'est ainsi que l'on prépare cette racine, c'est que telle qu'on l'envoie, elle n'a jamais de peau et est un peu transparente. Or, l'ebulition dans l'eau et l'exsiccation au soleil, et dans un tems sec et chaud, sont des moyens sûrs pour dépouiller de leur peau les racines bulbeuses, et les rendre transparentes.

Si ceux qui ont parlé du *Salep* sont divisés de sentiment sur la classe à laquelle il appartient, ils sont tous parfaitement d'accord sur ses vertus médicinales et diurétiques.

Le P. Sérici, dans la lettre déja citée, dit que le riche indien, maure et gentil, se sert aussi efficacement et pour la même fin du *Salep*, que les Chinois se servent du *Gin eng*; la bouillie qu'on fait avec sa poudre, à une vertu efficace pour réparer les forces perdues, soit par des longues maladies ou par un grand âge. Cette racine est très-stomachique et nourrissante; elle purifie le sang, sans trop l'échauffer: elle est fort en usage chez les Turcs, pour rétablir les forces épuisées.

Les Chinois et les Persans, dit Albert Séba, font un très-grand cas de cette racine, à laquelle ils attribuent la vertu aphrodisiaque; ils lui attribuent encore d'autres vertus confirmées par l'expérience. Aussi, lorsqu'ils entreprennent un long voyage, ils en portent toujours avec eux, comme un médicament spécifique contre toutes sortes de maladies et de langueurs. Cet auteur ajoute qu'il l'a reconnue d'une utilité singuliere contre les convulsions des nerfs, les épilepsies des enfans et des adultes, et les spasmes.

Degnerus assure que cette racine a plusieurs vertus médicinales, principalement celles d'amollir, de lubrefier, d'adoucir, de calmer, d'épaissir, de nourrir, vertus très-utiles et très-précieuses dans plusieurs maladies, telles que les colliques, les diarrhées, les dissentéries, le *cholera morbus*, etc.; il en fit un très-grand usage dans une dissentérie bilieuse qui affligoit son pays, et les malades en ressentoient un soulagement si prompt et si marqué, qu'ils croyoient ne devoir le rétablissement de leur santé qu'à ce seul remède.

Le médecin Dubuisson, qui avoit été aux Indes Orientales, éprouva sur lui-même l'éfficacité de ce remède, en ayant pris pendant six semaines consécutives. Il est aussi fort vanté pour les malades affectés de phtysie et de marasme.

La nature du *Salep* et sa composition sont connues; c'est une racine bulbeuse, sans odeur, qui, mâchée ne laisse dans la bouche d'autre impression que celle d'une substance visqueuse et mucilagineuse, qui, ayant perdu toute son humidité par l'exsiccation, se dissout aisement dans l'eau, ou dans tel autre liquide avec lequel on juge à propos de l'identifier. La partie vraiment nourrissante des alimens que nous prenons tous les jours, est la partie gélatineuse et mucilagineuse, il faut de plus que cette portion se dissolve aisement, car si sa viscosité étoit trop grande, elle fourniroit dans l'estomac et dans les intestins une colle dangereuse, comme cela arrive très-souvent avec la farine cuite et avec tous les autres farineux dont la viscosité n'a point été détruite. La préparation du *Salep* avant qu'on nous l'envoie, celle qu'on lui donne encore pour le réduire en poudre très-fine, lui enlevent cette gran-

de viscosité qu'il avoit avant d'être desseché ; la facilité avec laquelle il se dissout dans l'eau , le vin ,
ou tous autres liquides en sont un preuve.

Non - seulement la partie gelatineuse du *Salep* est
très - nourrissante , mais elle n'exige que très - peu
de forces de la part des instrumens de la digestion ,
pour être changé en notre propre substance ; elle est
encore très - efficace pour modérer l'acrimonie bilieuse , pour adoucir et calmer les douleurs. S'atta-
chant plus fortement aux solides , dit Degnerus ,
elle enduit les intestins corrodés d'un baume très-
doux et très - salutaire , et pour cette raison elle
l'emporte de beaucoup sur les autres gelatineux ,
mucilagineux et gommeux.

Suivant Albert Séba, les Chinois et les Persans
en prennent la poudre à la dose d'un gros , deux fois
par jour, dans du vin ou du chocolat. Le P. Sérici
nous apprend que les Indiens en prennent une once
le soir à l'eau avec du sucre ; mais la plus saine
partie , ainsi que les Européens , la prend au lait ,
à la dose d'une demi once. On pulvérise le *Salep*
dans un mortier, et on fait bouillir cette farine dans
du lait avec du sucre pendant un demi quart d'heure , il en résulte une bouillie agréable avec laquelle
on fait un bon déjeûner ; ceux qui aiment les
odeurs, peuvent y ajouter quelques gouttes d'eau
de rose, de fleurs d'orange ou autres , selon leur
goût, sans que cela puisse nuire aux bons effets que
l'on attend du *Salep*.

Degnerus a donné une préparation un peu plus
détaillée de l'usage du *Salep* : on fait infuser un gros
de sa racine, réduite en poudre très - fine , dans huit
onces d'eau chaude ; on la fait dissoudre à une dou-

ce chaleur ; on la passe ensuite dans un linge pour la purifier des petites ordures qui pourroient s'y être jointes. La collature reçûe dans un vase se coagule et forme une gelée mucilagineuse très - agréable ; on en donne aux malades, de deux heures en deux heures, une cueillerée entiere, plus ou moins, selon l'exigence des cas.

Cette préparation , citée par Degnerus, paroît la meilleure, sur - tout quand on ne veut point faire une bouillie, mais qu'on le veut employer comme remède dans quelque vehicule liquide, tels que l'eau, le vin et la tisanne, la gelée s'y étend beaucoup mieux que la poudre. On prend, par exemple, le poid de vingt-quatre grains de cette poudre qu'on humecte peu - à - peu d'eau bouillante, la poudre s'y fond entierement et forme un mucilage, qu'on étend pour l'ébullition dans une chopine ou trois demi septiers d'eau ; on est maître de rendre cette boisson plus agréable, en y ajoutant du sucre ou quelques légers parfums, ou bien quelques syrops convenables à la maladie , tels que les syrops de capilaire , de pavot, de citron et d'épine - vinette ; on peut aussi couper cette boisson avec moitié de lait : on mêle la poudre à la dose d'un gros dans un bouillon.

Il suit de ce qu'on vient de dire sur le *Salep*, et sur la maniere de s'en servir, que l'usage de cette racine ne doit pas être borné, comme il paroît qu'on le borne pour l'ordinaire à servir de nourriture aux phtysiques et autres personnes languissantes, qui ne peuvent user d'alimens solides ; mais qu'elle peut être 1°. d'une grande utilité dans les dissentéries , les colliques bilieuses , les devoiemens et dans tou-

tes les maladies qui dépendent de l'âcreté de la lymphe. C'est principalement dans ces maladies qu'Albert Séba et Degnerus en ont vanté l'efficacité. 2°.
Qu'on peut le donner dans différens véhicules, au
choix des malades, dans du lait, du bouillon, du
vin, de l'eau, du chocolat, etc., avantages inesti-
mables et qui ne conviennent qu'à un très-petit
nombre de remèdes. 3°. Enfin ce qui doit d'autant
plus déterminer à recourir à ce remède, dont toutes
les vertus ne sont peut-être pas encore bien connues,
parce qu'on n'en a fait que très-peu d'usage, c'est
que sa nature douce, mucilagineuse et un peu balsamique, ne laisse aucun doute d'en craindre quelque suite fâcheuse.

Ces éloges donnés au *Salep*, d'après les expériences heureuses qu'on a faites, ne doivent pas être
confondus avec ceux que l'on donne si fastueuse-
ment à des prétendus spécifiques; qui n'ont souvent d'autre mérite que l'obscurité mystérieuse de
leur origine, l'irrégularité de leurs préparations et
sur-tout le manége, l'effronterie ou le charlatanis-
me de ceux qui les débitent.

On a vu par ce que nous venons de dire sur le
Salep de Perse, que c'est une excellente nourriture,
propre à réparer les forces épuisées; qu'il convient
aux malades affectés de la poitrine; qu'il est très-
propre à adoucir l'âcreté de la lymphe; et qu'il est
très-bien indiqué dans la phtysie et à la suite des
dissentéries bilieuses; mais il faut tout dire: cette
substance coute fort cher à Paris; elle y revient à
vingt-cinq sols l'once, prix trop au-delà des facultés de ceux qui, par leurs genres de travaux,
se trouvent exposés d'y avoir plus souvent recours

que

que la classe fortunée. C'est peut-être ce qui a donné
l'idée à Géoffroy, frere du savant médecin, de faire des
expériences avec les racines de cette derniere, dont
il est résulté qu'elles ont à peu près les mêmes facultés,
et que tandis que le *Salep* revient à vingt-cinq sols
l'once, les racines de l'orchide préparées au même
degré, reviendroient tout au plus à un franc la livre. Des expériences plus approfondies sur cette
racine pourroient peut-être conduire à la rendre
d'une grande utilité pour la classe indigente et pour
nos hôpitaux, si nos pharmaciens, moins imbus de
leurs antiques préjugés pour tout ce qui vient de loin,
daignoient s'occuper à mieux connoître les véritables
propriétés des plantes qui croissent natuturel-
lement sous nos yeux ; mais le mépris qu'ils ont pour
tout ce qui ne vient pas des pays étrangers, est regardé comme héréditaire parmi tous ceux qui cultivent
cette partie des sciences.

En parlant des racines de l'orchide, voici ce qu'en
dit Géoffroy : Les bulbes des principales espèces
d'orchides propres à remplater le *Salep*, sont celles
1º. De l'orchide mâle, *orchis mascula*. 2º. De l'orchide femelle ou des boutiques. *orchis morio*. 3º.
De l'orchide tâchetée, *orchis maculata*. 4º. De l'orchide à feuilles larges, *orchis latifolia*. 5º. De l'orchide militaire, *orchis militaris*. On préférera ces
cinq espèces, parce qu'elles sont communes et ino-
dores ; toutes les autres espèces pourroient être em
ployées de même, mais comme il s'en trouve dont
l'odeur est forte, fœtide, sentant l'odeur de bouc,
et par conséquent très-désagréables, on fera bien
de ne pas se servir de ces espèces. On trouve les
orchides dans toutes les contrées de la France : les

bois, les collines, les prés, les terres cultivées sont couverts de ces plantes, elles végetent au commencement d'avril, pour fleurir en mai ; c'est alors le tems de faire la recolte de leurs racines.

La figure des racines de l'orchide des boutiques a fait dire à ceux qui admettoient autrefois le système absurde des *signatures*, que cette plante étoit aphrodisiaque ; il est néanmoins prouvé que seule elle ne possede pas cette vertu, qui n'est dûe qu'aux aromatiques unis avec elle. Du reste, quoiqu'il en soit, Géoffroy ayant reconnu que le *Salep*, qui est une racine blanche, roussâtre et transparente, fort employée par les Turcs, pour retablir les forces épuisées, étoit une espèce d'orchide, résolut d'essayer s'il ne pourroit pas préparer de même les racines de l'orchide des boutiques, pour les employer au même usage, principalement dans les contrées où elle croît communément.

Il décrit ainsi son procédé dans les Mémoires de l'Académie royale des Sciences, année 1740 :

,, Il faut prendre les racines ou bulbes d'orchides les mieux nourries, leur oter leur peau, les jetter dans l'eau froide, et après qu'elles y ont séjourné quelques heures, les faire cuire dans une suffisante quantité d'eau et les faire ensuite égouter, après cela on les enfile pour les mettre secher à l'air, choisissant pour cette préparation un tems sec et chaud ; en sechant elles deviennent transparentes, très - dures et semblables à des morceaux de gomme adragan ; ainsi préparées elles peuvent se conserver tant qu'on voudra, pourvu qu'on les tienne dans un lieu sec. Celles qu'on fait secher autrement s'eventent et moisissent, lorsque le tems devient

pluvieux ou reste humide pendant quelques jours ;
étant ainsi préparées, on peut les réduire en poudre
aussi fine que l'on veut. Lorsqu'on veut s'en servir
on en prend le poid de vingt-quatre grains, qu'on
humecte peu-à-peu d'eau bouillante ; la poudre s'y fond entierement et forme un mucilage
qu'on peut étendre, par l'ébulition, dans une chopine ou trois demi septiers d'eau : cette boisson de-
viendra plus agréable si l'on y ajoute du sucre ou
quelque parcele de parfum.

„ On peut mêler cette poudre, continue Géoffroy, avec le lait qu'on ordonne à ceux qui sont
affectés de la poitrine, c'est un remède très-adou-
cissant, qui diminue l'âcreté de la lymphe et qui
convient dans la phtysie et les dissentéries bilieuses.
C'est de cette plante que prend son nom l'électuaire
de *Satyrio*, dont la dose est d'un gros, lorsqu'il
s'agit de retablir les esprit engourdis et de réparer
les forces épuisées ,,.

On peut donc conclure, d'après les Mémoires
de Géoffroy, dont nous venons de donner l'extrait,
que les racines des *orchides* de nos climats ont les
mêmes propriétés que le *Salep* de Perse, et que, en
donnant cependant la préférence à celles de nos
contrées méridionales, dont les sucs acquièrent plus
facilement leur degré de perfection que dans les
contrées du nord, on pourroit les employer avec le
même succés que le *Salep*, dans nos pharmacies,
ne fut-ce que dans les vues bienfaisantes de procurer des secours efficaces et peu couteux à l'humanité souffrante. Nous ne prétendons pas par-là
reléguer le *Salep* dans son sol natal ; il seroit non-
obstant sa cherté une substance de luxe pour les

gens forutunés, comme le sont les vins de Madère,
d'Alicante, de Tockai, etc., auxquels les noms et les
prix exorbitans font obtenit la préférence sur les
tables de riches, de la plupart desquelles nos exce-
lens vins de France sont exclus : il en est de même
de tout ce qui nous vient de l'étranger, et le plu-
cher est toujours le préféré, malgré son infériorité,
si on sa donnoit la peine d'en faire la comparaison avec nos productions indigènes.

CHAPITRE V.

DE L'AMBRE GRIS.

ON est dans l'usage de faire entrer une petite quantité d'*Ambre* en nature dans la pâte du Chocolat. plutôt pour favoriser le developpement des principes aromatiques de la canelle et de la vanille que pour faciliter la division ou la digestion des parties grossieres du *Cacao*. Il n'est pas douteux, qu'en faisant la comparaison du *Chocolat* préparé à l'*Ambre gris*, avec le *Chocolat* dépourvu de cette substance, on ne manquera pas de donner la préférence à celui qui en est doué, mais il faut que ce soit du véritable *Ambre gris* et qu'il ne se trouve pas mêlé avec du musc ou de la civette, comme il arrive ordinairement.

L'*Ambre gris* est, suivant le sentiment le plus probable, une espéce de bitume qui vient de la terre, et qui a été entraîné dans la mer par la violence des flots ; et en effet il est trés-commun dans la mer aux environs de l'île de Madagascar, dont le terrein contient probablement beaucoup de ce bitume. On tire de l'*Ambre* une essence, mais pour qu'elle soit bonne, il faut, 1°. qu'elle soit préparée avec l'*Ambre gris* sans mélange d'aucune autre substance, telles que le musc et la civette. 2°. Il faut que cette essence puisse se dissoudre entierement dans les liqueurs avec lesquelles on la mêle. 3°. Enfin, il faut que cette essence versée goutte à goutte dans une liqueur aqueuse, la rende laiteuse. ainsi que font les huiles et les résines dissoutes. Pour faire une essence qui ait toutes ces vertus, prenez de l'esprit de roses, versez le sur du sel de tartre calciné à un feu violent, separez-l'en ensuite au moins deux fois par la distillation, vous aurez par ce moyen un esprit si pénétrant, qu'il s'insinuera intimément dans la substance de l'*Ambre gris*, et le dissoudra parfaitement ; cette essence sera bien différente de celle qui se trouve dans les boutiques, qu'on prépare communément avec le musc, l'huile de canelle, de roses et même avec la civette ; cette essence est, à la vérité, d'une odeur fort agréable, mais elle participe peu de l'*Ambre gris*, lequel ne reçoit aucune altération dans ce procédé ; d'ailleurs elle porte à la tête une grande quantié de vapeurs, et cause une grande agitation dans les corps affectés.

Kempfer rapporte dans ses *Amenitates exoticæ* que l'*Ambre gris* diffère beaucoup, suivant les différentes veines de terre où il se trouve ; d'ailleurs chaque region en a qui lui est particulier, on peut même juger à la seule inspection de quel endroit il est tiré. Et en effet, il s'en trouve une espèce qui ressemble beaucoup au bitume crud, à l'asphalte, ou au naphthe noir désseché, il est par conséquent plus ou moins noir, dur et pesant ; une autre espèce, dans la composition de laquelle il entre des parties plus précieuses, est aussi plus ou moins blanche, claire et légere. Suivant le même Kempfer, on regarde l'*Ambre*, qui, quelquefois se trouve dans les intestins de la baleine, comme l'*Ambre* de la plus petite qualité, parce qu'elle y perd beaucoup de sa bonté. Le meilleur indice pour juger de la bonté de l'*Ambre*, c'est d'en jetter quelques grains sur un fer chaud, l'odeur qui s'en exhale le fait connoître, et le peu de cendres qu'il laisse annonce sa bonté.

Cartheuser observe que si l'on fait digerer l'*Ambre* avec l'eau simple, ou si on l'y fait bouillir, il commence a s'en liquefier quelque partie, comme de la résine, mais il ne peut s'y dissoudre; il communique uniquement une odeur agréable à l'eau. L'*Ambre* ne se dissout jamais entierement dans l'esprit de vin, même le moins rectifié tant simple que tarterrifié; en l'y faisant simplement digérer, il ne s'en extrait qu'une petite portion, qui communique au matras une odeur et une saveur foible et balsamique; mais si on met le tout dans une cucurbite, et si on le fait boüillir pendant long tems, si on emploie un matras un peu huileux, l'*Ambre* se dissout pour lors presque entierement et donne une teinture fort active.

On fait avec l'*Ambre gris* d'excelentes pastilles: on commence d'abord par faire fondre quatre ou cinq gros de gomme adragan dans un demi septier d'eau de canelle vierge; on choisit deux onces d'*Ambre gris*, de la meilleure qualité, on le pile avec une livre de sucre, jusqu'à la réduction de poudre impalpable; on exprime le mucilage de gomme adragan au travers d'un linge, et on y jette peu à peu cette poudre d'*Ambre*, on a pour lors grand soin d'agiter fortement le mêlange avec une cueiller de bois; on pile pour lors et on passe au tambour de soie trois ou quatre livres de sucre, on le fait également entrer peu - à - peu dans le liquide, on paîtrit le tout jusqu'à la consistance de pâte de pain, on divise ensuite cette pâte par petites portions, qu'on nomme pastilles.

4

CHAPITRE VI.

DU SUCRE, SA CULTURE ET SES PROPRIÉTÉS.

LA *Canne à Sucre* ou cannamelle, *Arundo saccha-rifera*, C. Bauh., Sloan. *Calamus saccharinus.* Ta-bernæm. *Cannamellæa.*, Cæsalpin. *Viba Tacomarie*, Pison, *Caniche* des Caraïbes. C'est une espèce de *roseau* articulé, dont la moëlle succulente fournit par expression le *Sucre*, ce sel essentiel, doux et agréable, dout un si grand nombre de nations font usage. Dans les Colonies de l'Amérique, ce roseau, qui est de la famille des *Graminées*, s'éleve à huit ou dix pieds de hauteur et davantage, sur un pouce et demi de diamètre : sa tige est pésante, cassante, d'un vert tirant sur le jaune; les nœuds qui, selon la bonté du terrain, sont, depuis environ trois pouces jusqu'à un pied de distance les uns des au-tres, sont saillans, en partie blanchâtres et en par-tie jaunâtres. De ces nœuds partent des feuilles qui tombent à mesure que la *Canne* mûrit; les nœuds contiennent donc le principe des feuilles : on voit d'abord paroître un bouton alongé, d'un brun rou-geâtre, qui, peu à peu, se dilate, verdit et devient une feuille qui s'alonge jusques environ trois pieds, et large d'un pouce, plane, droite, pointue, d'un vert jaunâtre, striée dans sa longueur, avec une côte blanche au milieu, alternativement posée, embrassant la tige par sa base, glabre, mais armée sur les côtés de petites dents imperceptibles. Il ar-rive quelquefois que les *Cannes* parvenues à onze ou douze mois de croissance , poussent à leur sommet un jet de sept a huit pieds de hauteur , et de cinq a six lignes de diamètre , lisse , sans nœuds ; c'est ce qu'on appelle flèche. Ce jet porte un panicule ample , long d'environ deux pieds , divisé en plusieurs épis noueux , fragiles , composés de plusieurs petites fleurs soyeuses et blanchâtres , sans pétales , dans lesquelles on distingue trois étamines dont les anthères sont un peu oblongues ; l'embryon est alongé et porte deux stils ; à ses fleurs succedent quelquefois (car elles sont souvent stérilles) des semences oblongues , pointues. Il faut observer qu'une même tige ne fleurit et ne *flèche* jamais qu'une fois. Lorsque la *canne* approche de sa maturité , alors la tige devient jaune et pesante ; son écorce est lisse , luisante , et la matiere ou substance blanchâtre , succulente et spongieuse que contient la tige dans son intérieur , se brunit : sa racine est épaisse , succulente , grisâtre , genouillée et fibrée.

La *Canne à sucre* croît naturellement dans les Indes Orientales , dans les Isles Canaries , et dans les contrées chaudes de l'Amérique. Elle se plait dans les terreins gras, et bien aérés : les terres maigres , usées , qui n'ont pas de fond , ou qui sont pesantes, ne produisent que de petites *cannes* barbues, pleines de nœuds, dont on retire peu de sucre difficile a fabriquer. Les fourmis , les pucerons et les roulans font beaucoup de tort par leurs dégats, à la *canne à sucre.*

Les plantations des *cannes à sucre* se font très-facilement. On couche les plants de *cannes* dans des sillons alignés et parallèles entre eux ; les trous alignés sont plus ou moins éloignés les uns des autres, depuis deux pieds jusqu'à trois pieds et demi, suivant la qualité du terrain ; on les fait de quinze à vingt pouces de longueur, de quatre à cinq de largeur, et de sept à huit de pronfondeur ; on met dans chaque trou deux ou trois morceaux de *canne*, longs de quatorze à dix-huit pouces, et que l'on prend au haut de la *canne*; on les couche au fond du trou horizontalement, et on les couvre de terre. Lorsque le terrain est comme marecageux et plein d'eau, on place le plant de façon que le bout supérieur sorte hors de terre de quatre à cinq pouces ; c'est ce qu'on appelle *planter en canon*, On plante ordinairement les *cannes* dans le tems qu'on les recolte, afin de profiter du plant. Quand le tems à été favorable, au bout de sept à huit jours que les *cannes* sont à terre, on voit sortir des œilletons, qui sont à chaque nœud ou articulation, un bourgeon de la forme d'une petite asperge, qui, quelques jours après, se divise en deux feuilles minces, longues, peu larges et opposées : la tige continue de s'élever en pointe ; elle produit peu de tems après deux autres feuilles, et ainsi de suite, Quand elle est parvenue à la hauteur d'environ un pied, il sort de sa base d'autres bourgeons plus ou noins nombreux, suivant la qualité du terrain : le sarclage est ici nécessaire, et, à défaut de pluies, il faut arroser, Au bout de dix, douze à quinze mois, selon la vitesse de la végetation, les *cannes à sucre* sont parvenues à leur maturité ; on les coupe très-près de la racine ; (ces souches reproduisent deux ou trois fois de nouvelles coupes); on rejette les feuilles, et au moulin, on comprime ces *cannes*, entre deux rouleaux, qu'on appelle *rôlis*, faits d'un bois très-dur, et qui tournent en sens contraire : les *cannes* répandent par ce moyen une liqueur très-douce, visqueuse, appelée *miel de canne*, et que l'on fait cuire ensuite jusqu'à la consistance de sucre. On procede promptement à la cuisson de cette liqueur, car au bout de vingt-quatre heures elle s'aigrit, et même si on la gardoit plus long tems, elle changeroit en fort vinaigre. Les fagots de *cannes* exprimées portent le nom de *bagace*, et le suc ou jus de la *canne* celui de *vesou*. Quelques uns l'appelent aussi *vin de canne*. Dutrône-la-Couture, médecin, a proposé un moyen pour convertir ce suc exprimé en une liqueur analogue au cidre, ou au vin. (*Voy.* Journal de Phys. septembre 1787.) En quelques endroits de l'Amérique, on donne souvent aux chevaux les tiges des *cannes à sucre* exprimées ; ces animaux en sont friands, et prennent beaucoup d'embonpoint : plus communement les *bagaces* servent à chauffer les chaudieres.

On fait bouillir, pendant environ six heures, en versant de l'eau dessus de tems en tems, la liqueur extraite des roseaux, on l'écume, et cette lie qui surnage sert à nourrir les animaux. Pour purifier davantage le *sucre*, on y jette pendant l'ébullition une forte lessive de cendres de bois et de chaux vive, et on écume continuellement ; ensuite on passe la liqueur au travers d'une étoffe de gros drap blanc ; d'autres fois, on transvase seulement la liqueur, à différentes reprises. C'est dans l'art d'*enivrer*, ou de purifier ainsi le *vesou* que consiste la science du manufacturier ; car trop de cendres le grille, et trop de chaux le rougit ordinairement. Le marc sert en quelques endroits à nourrir ou les esclaves ou les pourceaux ;

d'autres, en y mêlant de l'eau et le laissant fermenter, en font une liqueur vineuse : on fait bouillir de nouveau cette liqueur ou *vesou* : on appaise l'impetuosité des bouillons, en versant quelques gouttes d'huile ou de suif : la plus petite quantité de suc acide, empêcheroit le sucre de se cristalliser et de prendre une consistance solide. On verse la liqueur encore chaude, dans des moules de terre en forme de cônes creux. (ces moules doivent avoir été humectés auparavant par l'eau et cerclés aux deux extrémités), ouverts par les deux bouts, et dont le petit trou qui est à la pointe, est bouché avec du bois, ou de la paille, ou du linge mouillé. Les Caraïbes appelent *caniche - ira*, le jus de la *canne*, et *couchre*, le *sucre*.

Toutes les opérations que l'on fait dans la préparation du *sucre* et dans l'art de le raffiner, tendent à débarrasser et purger ce sel essentiel d'un suc mielleux qui lui ôte la blancheur, la solidité, la finesse et le brillant du grain qu'on lui procure en le brassant à droite et à gauche avec une palette. On ouvre ensuite, au bout de quelques jours, le petit trou, pour donner écoulement au suc mielleux. On verse sur la partie supérieure du cône une bouillie claire, faite avec de la terre blanche argilleuse, détrempée dans de l'eau. Ce menstrue se charge d'une substance glutineuse de la terre, et passant à travers la masse du *sucre*, lave les petits grains et les purifie du suc mielleux. Au bout de quarante jours ou environ, le *sucre* est désseché.

Celui qui est en morceaux, de couleur rousse, s'appelle alors *sucre terré rouge* ou de *Chypre* : il est purgatif. S'il est d'une couleur grise, blanchâtre, et en morceaux friables, il prend le nom de *moscouade moyenne* : C'est là la matiere dont on fait toutes les autres espèces de *sucre*. Lorsque la *moscouade* a subi de nouveau a peu près les mêmes opérations dont nous venons de parler, elle est purifiée des sucs mielleux ; et c'est alors de la *cassonade* ou *castonade*, dont la meilleure est blanche, sèche, ayant une odeur de violette. La *cassonade* purifiée elle-même par les mêmes moyens que ci-dessus, ou par les blancs d'œufs, ou par le sang de bœuf, donne le *sucre raffiné*, le *sucre fin* ou le *sucre royal*, ainsi nommé, parce qu'on n'en peut faire de plus pur, de plus blanc, ni plus brillant. Ce *sucre* étant très-sec, et frappé avec le doigt, produit une sorte de son ; frappé ou frotté dans l'obscurité avec une couteau, il donne un éclat phosphorique ; douze cents livres de ce *sucre* ne doivent produire que six cents livres de *sucre royal* ; aussi la plupart des raffineurs et des marchands font-ils passer le plus beau *sucre raffiné* pour *sucre royal*, ou au moins pour du *demi-royal*. La liqueur mielleuse qui découle des moules, ne peut s'épaissir que jusqu'à la consistance de miel ; c'est pourquoi on l'appelle *miel de sucre*, *remel*, et plus communément *melasse doucette*. Quelques uns le font fermenter avec de l'eau et en retirent une liqueur vineuse qui, distillée, donne une eau-de-vie nommée *tafia*. Le *sucre candi* n'est que du *sucre* fondu a deverses fois et cristallisé : il y en a du blanc et du rouge.

C'est en Hollande que se fait le commerce le plus considérable de *sucre* pour l'Europe ; il y en arrive de toutes sortes, spécialement des Indes

Orientales, du Brésil. des Barbades , de la Jamaïque, de la Martinique, d'Antigoa , de Saint Domingue et de Surinam. Le *sucre* du Brésil est moins blanc, plus gras et plus huileux que celui des Barbades , de la Jamaïque et de Saint Domingue. La majeure partie des *sucres* arrivent présentement tout raffinés ; au lieu qu'autrefois ils venoient bruts en France, et on les raffinoit à Dieppe et à Orléans. On regarde maintenant comme une faute commune aux anglais et aux français, d'avoir souffert l'établissement des raffineries de *sucre* dans les colonies qui le produisent ; car pour tirer le plus grand avantage des colonies de l'Amérique, il n'eut pas fallu les mettre dans le cas de pouvoir se passer ni des fabriques , ni des denrées de l'Europe.

Quoiqu'il en soit des *sucres* qui se raffinent encore en France, celui de l'affinage d'Orléans passe pour le meilleur ; il est moins blanc que ceux de Hollande et d'Angleterre , mais il sucre davantage , parce qu'il est moins dépouillé de ses parties mielleuses et visqueuses. On remarque la même différence entre la *cassonade* comparée au *sucre raffiné* , et même entre la *manne* grasse et la *manne* en larmes. Le *sucre* qui vient d'Egypte par la voie du Caire, passe pour être plus doux et plus agréable que celui d'Amérique.

Cependant on ne fait usage en Europe que de celui d'Amérique, et on l'apporte présentement en si grande quantié, qu'on le met parmi les premieres marchandises de ce Nouveau - Monde. Il est étonnant de voir combien l'on consomme maintenant de *sucre* dans les cuisines et dans les pharmacies : il n'y a point d'alimens agréables s'ils ne sont assai-

sonnés de *sucre*, sur - tout dans les desserts ; c'est
ce qui a donné naissance à un nouveau genre d'ar-
tistes , sous le nom de confiseurs , inconnus par nos
anciens.

L'usage modéré du *sucre*, peut être très - utile,
car il engraisse, adoucit l'âcreté des humeurs ; il
émousse les acides, rend plus doux ce qui est âpre
et préserve les fruits de la corruption , etc. Un petit
morceau de *sucre* à la fin d'un répas, après avoir
beaucoup mangé, aide la digestion, et arrête communément le hoquet. Le *sucre* fondu dans de l'eau-
de-vie, est un très - bon vulnéraire, et résiste à la
pourriture. Le *sucre - candi* ou cristallisé, réduit en
poudre et soufflé dans les yeux, dissippe la taie de
la cornée. M. Bourgeois dit que le *sucre canarie* bien
broyé sur une assiette d'étain avec un morceau de
plomb, jusqu'à ce qu'il ait acquis une couleur d'un
gris cendré, est beaucoup plus efficace pour cette
maladie. Le *sucre* entre dans tous les sirops, les
marmelades, les électuaires, les tablettes, les liqueurs et ratafiats.

Les anciens retiroient un espèce de *sucre naturel*
du Bambou, espèce de roseau des Indes Orientales, appellé *mamba* ou *bamboë*, dans la province
de Malabar. Ce bambou est le *tabaxir* d'Avicennes,
que Juba dit croître dans les Iles Fortunées ou Canaries, et produire du *sucre*. On retire aussi une
espèce de *sucre* gras et brunâtre de l'Erable du Ca-
nada. Depuis quelques années on est parvenu à tirer aussi du *sucre* de plusieurs autres plantes, telles
que la *betterave*, le *chervi*, et tout récemment le
raisin de Languedoc, dont on vient d'annoncé la
réussite avec tant d'amphase, qu'on seroit presque

tenté de suspecter la véracité des avantages que les entrepreneurs en ont publié. Il y a en Islande une espèce d'*algue* dont on retire une sorte de *sucre*. Dans les pays chauds ou méridionaux, on retire de l'*apocin* une espèce de *manne* ou de *sucre* qu'on nomme *alhasser*.

Il paroît encore, par la tradition, que les anciens ont connu un *sucre* qui naissoit dans l'Arabie; ce *sucre* est nommé par Archigène, *sel indien*, Strabon, Lucain, Sénèque, Galien, Pline et Dioscorides en ont également fait mention; mais comme ils l'ont décrit avoir toujours été mielleux, peut-être n'étoit-ce que le suc extrait du fruit que porte le *caroubier*; peut-être aussi n'étoit-ce que la *manne* ou le *miel*, ou le *sucre* du roseau en arbre?

Nous ignorons si ce *sucre* avoit bien les qualités du nôtre. Etoit-il aussi souverain, aussi propre à nourrir; en un mot, étoit-il inflammable et susceptible de phosphorisme, comme le *sucre* des modernes? c'est ce que les traditions ne nous apprenent pas.

On cultive dans quelques jardins l'espèce de *canne à sucre* appelée *sucre de Ravenne*, *sacharum Ravennæ*, Murr. 88. *Gramen paniculatum arundinaceum ramosum*, *paniculà densà sericcà*. Tourn. 523. Cette plante vivace est aussi de l'ordre des graminées; sa tige est une espèce de roseau, haut de trois à quatre pieds, ferme, souvent rougeâtre vers son sommet; les feuilles sont longues d'un pied, larges de trois à quatre lignes, striées et garnies d'une nervure blanche; les fleurs en panicule rameux, de six à huit pouces, un peu dense; la balle sert de calice; elle est velue en déhors, ce

qui

qui distingue, dit-on, les *sucres* des roseaux. Cette *cannamelle* de Ravenne se trouve en Italie, en Provence et en Espagne sur les bords des ruisseaux et dans les lieux marecageux.

On distingue encore la *cannamelle spontanée* des lieux aquatiques du Malabar, *sacharum spontaneum*, Linn. Kerpa. Rheed. Malab. La *cannamelle* de Ténériffe, Linn. fils. La *cannamelle à épi cylindrique et droit* du Levant, de l'Inde et des contrées méridionales de la France, *Gramen tomentosum spicatum*, Bauh. Pin. 4. Tourn. 518. La *cannamelle à épi plumeux et pourpré* de Madras, Tsjeria-Kurin-Pullu, Rheed. Malab. La *cannamelle* à port de panis des Indes Orientales.

D'après toutes les expériences que l'on a faites, telles sont les différentes substances susceptibles de produire du *sucre*, mais desquelles probablement le produit ne défrayeroit peut-être pas des dépenses qu'il nécessiteroit, pour en tirer du sucre tel que ceux qui nous viennent de l'Amérique et des grandes Indes.

Si nous nous sommes étendus un peu ici sur la culture et la fabrication du *sucre*, c'est par rapport à son utilité dans la fabrication du *chocolat*, dont il fait la principale substance, après le *cacao* qui en est la base.

CHAPITRE VII.

De la préparation du Cacao, pour faire le Chocolat ; de ses différentes propriétés, tant médicinales qu'alimentaires.

PARAGRAPHE PREMIER.

De la fabrication du Cacao pour faire la pâte du Chocolat.

Pour faire la pâte du chocolat, on dépouille les amandes du cacao de leur écorce, par le feu ; on les pèle, on les rôtit dans un mortier bien chaud, et on en forme une pâte qu'on mêle avec presque poids égal de sucre ; le *chocolat* ainsi préparé s'appelle *chocolat de santé.* Nous nous étendrons dans la suite plus au long sur cette confection. Quelques personnes prétendent qu'il est bon d'y faire entrer une légere quantité de *vanille*, pour en faciliter la digestion, par sa vertu stomachique et cordiale. Lorsqu'on veut un *chocolat* qui flatte plus agréablement les sens, on y ajoute une poudre très-fine, faite avec des gousses de vanille et des bâtons de canelle pilés et tamisés ; on broye le tout de nouveau et on le met en tablettes, ou en moules. Ceux qui aiment les odeurs y ajoutent un peu d'essence d'ambre. Lorsque le *chocolat* se fait sans vanille, la dose de la canelle est de deux gros par livre de ca-

cao, mais lorsqu'on emploie la vanille, il faut dimi
nuer au moins la moitié de cette dose de canelle.
A l'égard de la vanille, on en met deux ou trois
gousses par livre de cacao : quelques fabricans de
chocolat y ajoutent du poivre ou du gingembre,
mais les gens sages et prudens doivent être attentifs
a n'en point user qu'ils n'en connoissent bien la
composition.

Dans la *Nature considérée* année 1778, on y rapporte une méthode de composer le *chocolat*, qu'on
dit de beaucoup préférable pour les personnes délicates. 1°. On ne fait point bouillir le *cacao* pour le
dépouiller, mais on le met tremper dans de l'eau
bouillante, qu'on change plusieurs fois. jusqu'à ce
qu'on puisse dépouiller la fève. 2°. On lave le *cacao* avec de l'eau froide, lorsqu'il est bien épluché.
3°. On met sur quatre livres de *cacao* une demi livre d'amandes douces, dépouillées de leurs enve-
loppes. 4°. On fait mettre ce mêlange au four, ensuite on le pile avec soin. 5°. On met sur ce mêlange de la belle cassonade et on broye le tout; on
y ajoute ensuite deux cloux de girofle et deux gros
de canelle en poudre.

Dans nos Isles d'Amérique on fait des pains de
cacao pur et sans addition ; lorsqu'on veut prendre
le *chocolat*, on reduit ces pains ou tablettes en poudre et on y ajoute plus ou moins de canelle, du
sucre en poudre et d'eau de fleurs d'orange; le
chocolat ainsi préparé est d'un parfum exquis et
d'une grande délicatesse. Quoique la vanille soit
très-commune aux Isles, on ne s'en sert pas pour
le *chocolat*.

Les amandes du *cacao* fournissent encore une huile par expression, qui s'épaissit naturellement, et reçoit le nom de beurre : on s'en sert à Cayenne, pour la cuisine. Le P. Labat veut que les amandes étant pilées soient jetées dans une grande quantité d'eau bouillante, afin que leur huile surnageant, soit plus facile à recueillir ensuite, à mesure qu'elle s'élève sur la surface de l'eau ; après on exprime fortement le marc, en l'arrosant d'eau bouillante. Cette méthode ne convient qu'à l'Amérique, où les amandes recentes abondent en huile ; mais comme elles arrivent séches en Europe, et conséquemment privées d'une portion considérable de leur humidité, on est obligé de les torrefier avant de les piler ; quand elles ont bouilli en grande eau, pendant une demi heure, on passe le tout étant bien chaud, et on l'exprime avec force, l'huile se rassemble à la surface de la liqueur ; si elle n'est pas suffisamment passée, on la fait passer dans plusieurs eaux chaudes, l'huile se fige par le refroidissement.

L'huile de *cacao* se conserve très-long tems, sans devenir rance ; elle n'a point d'odeur, est assez blanche, et d'une saveur agréable ; aussi la préféret-on pour les médicamens intérieurs au blanc de baleine ; elle est très-pectorale ; elle entre dans l'opiat antiphthysique de Marquet. On peut aussi l'employer aux mêmes usages que l'huile d'olive. La douleur des hémorrhoïdes cesse quelquefois promptement, quand on y applique du coton imbibé dans cette huile. Les personnes qui y sont sujettes peuvent utilement faire usage de ce rème-

de deux ou trois fois par mois, pour prévénir le
retour des accès, et faire fluer doucement les hémorrhoïdes.

On fait avec les amandes du cacao préparées à
peu près comme les noix de Rouen, une confiture
excellente, propre à fortifier l'estomach, sans trop
l'échauffer. Quand à la pulpe qui se trouve entre la
cosse et les amandes, on en broie le mucilage pour
le reduire en crême, qui, soupoudrée d'un peu de
sucre, et légerement arrosée d'eau de fleurs d'orange,
fournit un mets très-rafraichissant. Cette crême sans
sucre, ni eau de fleurs d'orange, est employée comme l'huile de cacao, avec un papier brouillard par-
dessus, pour toutes les maladies de la peau. Arthur
rapporte que l'on fait quelquefois dissoudre dans
de l'eau l'espèce de duvet qui accompagne le mucilage, pour obtenir une liqueur douceâtre, qui
s'aigrit facilement. Cette acidité lui fait perdre une
saveur dégoûtante, qu'elle a dabord; mais ce n'est
toujours qu'une boisson qui ne peut convenir qu'à
des nègres ou à des créoles.

PARAGRAPHE II.

De la manipulation du Chocolat.

CHOISISSEZ dabord votre *cacao*, jettez-le dans
un crible dont les mailles ne soient pas assez larges
pour laisser passer les amandes au travers ; cette
premiere opération consiste à émonder toutes les
amandes de la poussiere, des pierres, des particules d'amandes qui se sont brisées ; on separe celles
qui se trouvent collées ensemble ; ensuite vous van-
nez tout ce qui aura passé à travers le crible, pour

en expulser la poussiere et les petits cailloux, faisant partie de ce mêlange. Vous étendez sur une table ce qui sera resté dans le van, et vous séparez avec la main toutes les parties du cacao qui sont bonnes, et vous rejetez le surplus comme inutile.

Mettez une large poële de fer sur un fourneau, disposé de maniere à donner une chaleur ardente. Lorsque cette poële sera échauffée au point que le fond soit presque totalement rouge, jetez y environ quatre pouces d'épaisseur de cacao; tournez, remuez avec une large spatule de bois, et de maniere à faire rouler les amandes les unes sur les autres, pour qu'elles se grillent également, et que ce mouvement s'execute sans que la spatule quitte le fond de la poële; entretenez le feu de maniere qu'il produise toujours le plus grand degré de chaleur possible, et que l'écorce ligneuse des amandes ait acquis une couleur brune, tirant un peu sur le noir. jetez et étalez les dans un van, que vous aurez préalablement placé dans un air libre : remettez la poële sur le feu et continuez l'opération avec le plus de célérité, jusqu'à ce que la totalité du cacao soit grillée ; sitôt que vous aurez jetté la deuxieme poëlée dans le van, et pendant que la troisième sera sur le feu, faites vanner les deux premieres, soit pour en expulser la fumée et toute la poussiere qui s'est détachèe des écorces, ou pour faire refroidir plus promptement les amandes, par le contact externe de l'air : quand la totalité des amandes du cacao sera grillée, et lorsque la poële sera plus de moitié refroidie, faites griller très-lentement, et à un degré de chaleur très-ardente toutes les particules d'amandes que vous aurez triées et mises en reserve, et quand toutes ces particules auront acquis une couleur jaunâtre, jetez-les sur une table, triez-les encore avec la main, et rejetez toutes celles qui seront restées blanchâtres, attendu que cette couleur est un signe certain que ces parties d'amandes sont gâtées.

Vingt-quatre heures ou environ après avoir grillé le cacao, mettez les amandes par petites parties à la fois, sur une grande feuille de papier étendue sur une table de bois, à l'effet de les écraser légerement avec un rouleau de bois, et spécialement à dessein d'en détacher les écorces. Comme il se trouve toujours des amandes qui s'échappent du rouleau, et dont l'écorce est plus fortement adherente, passez-les toutes au travers d'un crible destiné à cet usage, et remettez sur le papier celles qui n'auront pas été dépouillées, et détachez avec les doigts toutes les écorces qui n'auront pu être brisées. Quand tout le cacao aura été passé à travers le crible, vous le vannerez comme on vanne le blé, et vous le netoyerez de façon qu'il n'y reste aucune partie d'écorce, ni petites pierres, ni chicot de bois.

Le cacao étant ainsi disposé, réduisez-le grossierement, de la façon suivante : Ayez un mortier de fonte, de la même matiere que les cloches ; ce mortier doit être assez grand, pour piler aisement cinq livres de cacao à la fois ; avant on échauffera ce mortier ainsi que son pilon de fer, en le remplissant à moitié de charbons ardents ; passez ensuite et mettez cinq livres du cacao qui a été préparé préalablement dans la poële de fer ; faites le chauffer à un degré de chaleur très-modéré, car si le feu étoit vif, l'huile végétale contracteroit un goût de rance ou de brûlé ; remuez sans discontinuer avec une spatule de bois, de façon que la chaleur puisse se distribuer également dans toutes les parties du cacao, et lorsqu'après en avoir pris une poignée dans la main, et qu'en la serrant un peu, vous éprouvez un degré de chaleur qui soit supportable, jetez promptement le cacao dans le mortier qui a été préparé. Pendant qu'on reduit cette partie en pâte, passez quatre livres et demie du même cacao, que vous faites chauffer comme le précédent. Quand la premiere partie aura été bien pilée, vous la mettiez sur une feuille de papier blanc, sous laquelle vous aurez préalablement mis une feuille de gros papier jaune ; vous jetez de suite la seconde partie dans le mortier, et passez également quatre autres livres et demie du cacao, que vous faites chauffer, en suivant toujours la même méthode, et lorsque les trois parties auront été reduites en pâte, vous en formez un pain du poids de quatorze livres, qui est tout ce que peut broyer un ouvrier dans sa journée. Recommencez votre opération jusques que toute la partie de cacao que vous voulez employer soit finie, en suivant toujours le même ordre. Pour ce qui concerne les portions du cacao, triées et mises en reserve, connues ordinairement sous le nom de *caffons*, après les avoir reduites en pâte, vous en formez des pains separés, ou bien vous les divisez en autant de parties que de pains de cacao, ou vous le faites entrer dans le chocolat d'une qualité inférieure. Tout le cacao ayant été reduit en pâte et en pains, vous en préparez le chocolat de la maniere suivante.

PARAGRAPHE III.

Préparation de la pâte du chocolat pour en fair edes tablettes.

Vous mettez le soir sur la pierre un des pains de cacao, ainsi que le cylindre à broyer le chocolat ; vous mettez sous cette pierre deux terrines remplies de charbons ardents, et suffisamment couvertes de cendres chaudes, pour que la chaleur soit douce et dure assez long tems, afin d'entretenir la pierre chaude et ramollir la pâte du cacao ; vous couvrez ensuite cette pierre avec des grandes feuilles de papier blanc, que vous mettez d'abord sur la pâte, et que vous recouvrez avec un large morceau de toile.

Le lendemain matin vous enlevez le pain de cacao, dont il se trouve environ la moitié de ramolli ; vous le mettez sur une petite pierre carrée destinée à cet effet, et vous l'entretenez modérement chaude, en mettant du feu dessous ; au défaut de cette pierre, vous mettez le cacao dans une poêle, en conservant environ deux livres de cette pâte sur la pierre à broyer, que vous entretenez à un degré de chaleur très-douce, vous broyez avec le cylindre, bien tourné et poli. Lorsque cette partie aura été broyée, vous la rassemblez sur le devant de la pierre, vous la broyez une seconde fois, jusqu'à ce qu'en roulant, vous n'apperceviez plus aucune des traînées que les molecules du cacao non broyées laissent sur la pierre. Quand cette partie est suffisamment broyée, vous l'enlevez, et la mettez dans une grande poële, que vous placez sur un feu doux, pour entretenir la pâte liquide; après quoi vous remettez sur la pierre la même quantité de pâte, vous la broyez comme la précédente, et vous continuez ainsi de suite jusqu'à ce que tout le pain de cacao soit broyé. Cette quantité de pâte finie de broyer, pour entretenir le cylindre suffisamment chaud, vous la laissez sur la pierre, que vous couvrez comme ci-devant; vous augmentez le feu qui étoit dessous, de sorte que cette pierre se trouvant échauffée de deux ou trois degrès au-dessus de la chaleur qu'elle avoit lorsqu'on a broyé le cacao seul, vous augmentez également le feu qui étoit sous la poële qui contient la pâte broyée, dans laquelle vous faites entrer à deux ou trois reprises neuf livres de sucre grossierement reduit en poudre, vous remuez ce mêlange avec une spatule de bois, jusqu'à ce que le sucre soit bien incorporé avec le cacao. Vous couvrez cette pâte avec du grand papier blanc, et vous mettez un feu très-doux sous la poële, pour entretenir la pâte toujours liquide; vous en mettez environ deux livres sur la pierre à broyer, que vous entretenez toujours dans le même degré de chaleur; vous broyez de nouveau, et lorsque les deux livres sont broyées, vous les rassemblez sur le devant de la pierre, pour être broyées une seconde fois, ensuite vous enlevez cette pâte, vous la mettez dans une poële, et vous l'entretenez liquide. Quand la

totalité du cacao mêlé avec le sucre aura été suffisamment broyée, vous y faites dabord entrer la
canelle, la vanille et l'ambre gris, reduits en poudre fine et passés au tamis de soie, vous continuez
de remuer ce mélange, jusqu'à ce que ces poudres
soient divisées et bien incorporées avec la pâte;
vous la partagez pour lors toute chaude par
petites parties de demi livre, ou d'un quarte-
ron, que vous roulez sur une feuille de papier
blanc, pour en former un cylindre, ou vous les
mettez dans des moules de fer blanc, qui ont la
forme d'un biscuit; ces moules étant remplis vous
les agitez et les frappez légèrement sur la table,
jusqu'à ce que le chocolat soit glacé et uniformé-
ment étendu. Vous le laissez refroidir dans les
moules, il y durcit et y acquiert une consistance
ferme et solide; étant refroidi vous le sortez facilement, soit en frappant le moule, soit en le pressant
par les deux bouts en sens contraire; vous envélo-
pez les biscuits de chocolat dans du papier blanc,
et les mettez dans un endroit sec, pour les conserver
aussi sains et aussi long tems que l'on voudra, au
lieu qu'en les mettant dans un endroit humide, ils
moisissent à leur surface, et contractent souvent un
mauvais goût en vieillissant.

Le chocolat se conserve plusieurs années; celui
dont on ne fait usage que six mois après être fa-
briqué, est meilleur que quand on l'emploie avant
ce tems.

PARAGRAPHE IV.

Des differens ingrédiens qui entrent dans la composi-
tion des tablettes de Chocolat, leur quantité, ce qui
en fait la bonté et les différens prix.

C'EST de la plus ou moins grande quantité des
ingrediens et des aromates que l'on fait entrer dans
la composition du chocolat, que les fabricans de
ce commestible font dériver ses différentes qualités,
et par conséquent les différens prix qu'ils le vendent. Sans chercher à pénétrer ici dans les soit-di-
sant secrets de certains fabricants de chocolat, nous
croyons pouvoir dire dans ce paragraphe quelles
en sont en général les différentes préparations, et
leurs dénominations particulieres.

Pour faire la premiere espèce de chocolat, prenez
pour base quatorze livres de cacao dit pur caracque;
sucre en poudre, douze livres; canelle, quatre
onces; vanille d'Amérique, trois onces; ambre gris,
un gros, ce qui fait en tout vingt-six livres et demi,
que vous broyez tout ensemble, jusqu'à ce que ce
mélange soit bien incorporé l'un avec l'autre, que
vous mettez ensuite en tablettes.

La seconde espèce est composée de sept livres
de cacao de Caracque, sept livres de celui de Barbiches, douze de sucre en poudre, de pareille
quantité de canelle, de vanille, d'ambre gris qu'à
la précédente. Ce mélange étant bien broyé, vous
produit la même quantité de pâte, à laquelle vous
donnez la même manipulation que précédemment,
pour la conserver.

Pour faire la même quantité de la troisieme qualité , vous mettez dix livres de cacao caracque , de celui des Isles, trois livres , de sucre en poudre , treize livres , et la même quantité de chaque poudre aromatique qu'il est dit plus haut.

Pour avoir dans la quatrieme la même quantité de pâte, on met sept livres de cacao de Barbiches, six livres de gros cacao des Isles , treize livres de sucre en poudre ; canelle, vanille , ambre gris même quantité que ci - dessus , et travaillez de même le tout ensemble.

On met pour faire la cinquieme qualité , treize livres de cacao des Isles , douze livres de sucre en poudre , de girofle deux onces , ce qui ne produira qu'une masse de vingt-cinq livres, que vous travaillerez comme il est dit plus haut.

Par le résumé de la composition de ces différens chocolats, il est clair qu'ils doivent varier pour le prix ; le dernier est par conséquent le moindre , il est donc par ce moyen le meilleur marché , et le premier doit être le plus cher, en raison de ce que le cacao de Caracque est le plus estimé par sa bonté, ce qui le rend toujours plus couteux ; le second doit beaucoup approcher du premier pour le prix ; le troisieme et le quatrieme doivent être un peu moins chers , si l'on fait attention à la qualité du cacao qui entre dans chaque.

Le chocolat à la vanille façon de Paris ne diffère pas beaucoup de la premiere qualité de ceux ci-dessus ; après avoir torrefié le cacao, et en avoir préparé la pâte, comme ci-dessus, vous prenez dix livres de cette pâte , deux onces de vanille , et dix livres de sucre, vous incorporez bien neuf livres de sucre avec la pâte du cacao, vous la mettez à cet effet deux fois dans le mortier pendant qu'il est encore chaud, vous pilez bien le tout : le mélange étant exactement fait, retirez cette pâte du mortier, et mettez la dans une terrine, à la reserve d'une livre, que vous mettez sur la pierre à chocolat, pour la broyer ; il faut que cette pierre soit plate et unie, large d'environ seize à dix-huit pouces, longue de vingt-neuf à trente, et épaisse de trois pouces ; elle doit être assujetie sur un chassis de bois en forme de buffet ; son intérieur doit être garni de tôle, pour pouvoir y recevoir une petite poële de braise, bien allumée et suffisamment couverte de cendres, afin d'entretenir la pâte dans une chaleur douce.

On place la terrine, ou bassine qui contient le surplus de la pâte dans le buffet de la pierre, à côté du feu qu'on aura eu soin d'y mettre auparavant ; on broye celle qu'on à mis sur la pierre avec un cylindre de fer poli, ayant deux ou trois pouces de diamettre, sur une longueur d'environ dix-huit pouces ; on a soin de le garnir à chaque bout d'un manche en bois, de la même grosseur, sur simplement une longueur de six pouces, par lequel l'ouvrier le tient en travaillant. La pâte étant suffisamment broyée, ce qui vous sera facile à reconnoître si elle se fond facilement et entierement sur la langue, alors on la met dans une autre terrine, que l'on place pareillement dans le buffet, pour que la pâte s'entretienne toujours liquide ; remettez ensuite de nouvelle pâte la même quantité que la premiere fois sur la pierre, que vous broyez au même

degré, et vous continuez ainsi de suite cette opération, jusqu'à ce que votre quantité de pâte soit
toute broyée, ayant l'attention pendant tout ce travail d'entretenir la pierre au même degré de chaleur, par le moyen du feu que vous mettez dessous, en le renouvellant à mesure qu'il se consume.
On connoît que la chaleur est à son degré convenable, lorsqu'en appliquant le dos de la main sur
la pierre, l'on ne peut l'y laisser quelques instans
sans en être incommodé. Ajoutez à ce mélange
suffisamment et entierement broyé la vanille précédemment pulverisée, avec une livre de sucre,
et passée au tamis de soie; remettez votre pâte sur
la pierre, et broyez-la de nouveau, afin d'y bien
incorporer ce nouvel ingrédient; mais pour cette
derniere opération il faut avoir grand soin que la
pierre ne soit pas trop chaude, car pour que votre
chocolat soit bien lustré, retirez l'en promptement,
et roulez-le sur une grande feuille de parchemin,
coupez-le par morceaux du poids que vous les
voulez, les mettez de suite dans des moules,
et les rendez unis et luisans en les frappant le plus
droit possible; s'il se formoit dessus des petites
bouteilles produites par l'effet de l'air, piquez-les
avec une épingle, l'air se dégage aussitôt et la
tablette devient parfaitement unie. Laissez refroidir le chocolat dans les moules, il y acquiert une
consistance ferme et solide. Il se sépare facilement
des moules, il suffit de les renverser et de les pres-
ser légerement par les deux bouts, en sens contraire, par ce moyen les tablettes qui pourroient se
trouver adhérantes par quelque côté, se détachent
facilement sans courir aucun risque.

Quand on apperçoit sur le chocolat des tâches noirâtres, c'est un signe qu'on l'a mis trop chaud dans les moules ; pour y obvier, avant de l'y mettre, sur-tout lorsqu'il est trop liquide, on jetera deux ou trois cueillerées à bouche d'eau, sur une quantité de vingt livres, remuez le bien, pour lors avec une spatule, il perd par ce moyen un peu de sa liquidité, et il vous est en même tems plus facile de le passer et de le mettre en moule.

Pour avoir un chocolat plus flatteur au goût, ajoutez, au lieu de vanille, une once et demie de canelle, un gros de musc, deux gros de girofle, pulvérisez le tout ensemble avec le sucre ; si vous voulez faire un chocolat plus fin, retranchez deux livres de sucre sur la quantité prescrite : envelopez les tablettes du chocolat dans du papier blanc, et mettez-les dans un endroit bien sec pour les conserver ; six mois après il aura acquis toute la perfection dont il peut être susceptible.

On vante beaucoup le chocolat dit de Bayonne, ou d'Espagne ; pour le faire ayez une pierre des Pyrenées, très-dure, large de dix-huit pouces, longue de deux pieds, avec un cylindre ou rouleau de même grain que la pierre ; menagez à cette pierre une pente, par le moyen de trois pieds, un au-devant, dans le milieu, et deux plus élevés aux deux extrémités du derriere de la pierre, pour l'exhausser en forme de pupitre ; posez cette pierre sur une espèce de table à quatre pieds, ou sur un plateau élevé de façon que la pierre se trouve à la hauteur de la ceinture.

Faites faire quatre auges de bois mince, mettez-en

en trois sur les côtés de la pierre, c'est-à-dire;
une en face de l'ouvrier, et les deux autre à sa
droite et à sa gauche, et la quatrieme est pour remplir; quand le cacao se trouve broyé par l'usage de
cette pierre, vous êtes dispensé de le piler au mortier de fonte: étant torrefié, vous le mettez sur la
pierre, au-dessous de laquelle vous avez placé du
feu, et le broyez avec un rouleau de même pierre;
quand le tout est bien broyé, retirez l'auge dans
laquelle est tombé le cacao broyé, et la remplacez
par une autre dans laquelle vous mettez le sucre;
broyez de nouveau la pâte, serrez avec le rouleau,
de façon qu'il ne tombe que l'huile sur le sucre qui
est dans l'auge, après quoi vous mêlez bien avec
une spatule le sucre avec l'huile du cacao, et en
formez une pâte, que vous repassez de nouveau
sur la pierre, pour la derniere fois, alors vous y
mêlez les aromates en proportion comme il a été
dit plus haut, et mettez de suite le chocolat dans
les moules.

Si vous voulez faire du chocolat sans sucre,
quand le cacao est en bouillie dans les auges,
mettez-le dans des moules de fer-blanc, carrés
ou ronds en maniere d'étuits, ainsi qu'il se pratique à Bayonne Le chocolat de ce pays est de la
premiere qualité, il s'en fait un débit très-consi-
dérable.

Quand on veut faire du chocolat dit de Milan,
ou d'Italie, on le prépare de même que le précédent; la seule et unique différence consiste dans
la pierre; elle est construite de la même maniere,
mais elle se trouve traversée par des cannelures;

on travaille cette pierre aux environs du Mans, et il ne s'en trouve qu'une seule espèce propre à ce travail; elle y est même très - rare et très - difficile à travailler; elle a un grain plus dur que le fer, et il n'est pas croyable la quantité d'outils que les ouvriers cassent pour lui donner la derniere main : aussi la vend - on dans le pays avec ses deux rouleaux, jusqu'à trois cents francs. Une pierre de la sorte bien choisie, abrege beaucoup le travail du cacao, et on le broye beaucoup mieux, mais la fabrication du chocolat est plus rude sur cette pierre que sur les autres, il faut une grande habitude pour y travailler. mais la qualité en est beaucoup supérieure. Les chocolatiers italiens, qui viennent en France, ont grand soin de se procurer une de ces pierres, et en s'en servant ils y acquierent une grande reputation dans ces deux procédés. On fait entrer les ingrediens, ou aromates en proportion égale aux précédens.

Vacoca Chinorum. Chocolat, chinois. Pour le faire prenez quatre onces d'amandes de cacao, une once de vanille, autant de canelle fine, quarante huit grains d'ambre gris, trois onces de sucre; ayez soin que le cacao soit bien torrefié et vanné; vous le broyez avec soin et y mêlez les aromates, en poudre, ainsi que le sucre, dont vous formez du tout une pâte, que vous renfermez soigneusement dans une boîte de fer blanc, pour vous en servir au besoin. Lorsque vous voulez vous en servir, vous en mettez six à douze grains dans une tasse à chocolat, il se trouve par là aromatisé agréablement. Les chinois font grand usage de cette pâte dans leur chocolat.

Lorsqu'on veut s'assurer de la bonne ou mauvaise qualité du chocolat, on peut en reconnoître la bonté ou la falsification à la couleur de la tablete ; pour qu'il soit bon, il doit être d'un brun clair, tirant un peu sur le rouge, cette couleur est une preuve certaine de sa bonté ; si le luisant de sa surface se dissipe un peu au simple toucher, c'est un indice certain de falsification ; quand on le casse, il doit être uni, sans être graveleux dans son intérieur, il doit aussi se fondre doucement dans la bouche, en le mâchant ; il doit en outre donner en le flairant une odeur qui ne tienne ni de l'oignon, ni du rance ; il faut encore qu'il ne soit fait que depuis environ vingt ou trente mois, sans odeur de moisi, ni sans qu'il soit percé ou piqué par de petits vers, qui s'y engendrent, pour peu qu'il soit enfermé.

PARAGRAPHE V.

Préparations alimentaires du Chocolat pour le service des tables.

1°. POUR faire une boisson de chocolat ordinaire, vous divisez chaque livre de chocolat en douze parties, qui font autant de tasses de liqueur ; vous séparez chacune de ces parties par fragmens, que vous jettez dans une chocolatière, dans laquelle vous avez préalablement mis la quantité d'eau relative au nombre de tasses de chocolat que vous voulez faire ; (on met une once de chocolat sur huit onces d'eau) quand le mêlange commence à bouillir, éloignez-le un peu du feu, et après avoir fortement agité cette liqueur avec le moussoir, ap-

prochez le vaisseau du feu , faites bouillir légerement pendant six à sept minutes , et l'agitez tout
doucement en tournant toujours le moussoir du même sens. Après avoir repeté cinq ou six fois cette
même opération, entretenez la liqueur dans un degré de chaleur au-dessous de celui de l'eau bouillante , et continuez de l'agiter de tems en tems.
Cette boisson vaut beaucoup mieux lorsqu'on la
prépare la veille , et qu'on la tient pendant toute
la nuit sur des cendres chaudes. Il est encore à observer que le chocolat le mieux trituré sur la pierre, s'unit encore très-difficilement avec l'eau , sur-
tout quand le principe nutritif a été conservé dans
toute son intégrité.

Si vous voulez rendre la boisson du chocolat
mousseuse , delayez du sucre en poudre avec du
blanc d'œuf , laissez ce liquide jusqu'à ce qu'il soit
devenu d'une consistance plus solide ; formez en
de petites boules de la grosseur d'une noisette ,
et lorsque vous êtes prêt de boire le chocolat , jettez dans la chocolatiere une de ces petites boules
par chaque tasse de liqueur , agitez fortement avec
le moussoir ; quand ces boules sont fondues , versez le choclat par inclinaison , retirez avec le bâton
la mousse qui s'est formée sur la superficie de la
liqueur.

2º. Une autre préparation de chocolat en boisson très-délicate, que l'on peut faire, soit au lait,
soit à l'eau, consiste à mettre dans une chocôlatiere
une tasse ou environ six onces de l'un ou de l'autre
de ces deux liquides , par once de chocolat, lors
que le lait ou l'eau commence à bouillir, mettez

y du chocolat rapé ou coupé grossierement, et remuez ce mélange avec un moulinet ou moussoir;
le chocolat se trouvant fondu, et ayant pris quelques bouillons, retirez - le du feu, et laissez - le
reposer dans un endroit chaud pendant environ un
quart d'heure, faites ensuite agir votre moussoir
fortement, en le tournant dans les deux mains en
sens contraire; versez le chocolat dans des tasses,
lorsqu'il est mousseux : pour cet effet, il faut qu'en
proportion de la quantité de la liqueur, la mousse
détachée du moussoir soit de telle hauteur, que
sans toucher au fond de la chocolatiere, dont elle
doit être éloignée d'un demi travers de doigt, elle
ne laisse pas d'être entierement noyée avec la liqueur; car si la partie supérieure en excedoit la
hauteur, la mousse ne se feroit qu'imparfaitement.

3º. *Autre préparation de chocolat.* Ratissez la pâte
pure du chocolat avec un couteau, ou frotez - la
avec une rape â pain, si cette pâte est assez séche
pour que la rape ne s'engraisse point : prenez pour
une once de chocolat, deux ou trois pincées de
canelle en poudre passée à un tamis de soie,
une once de sucre pulverisé, mettez ce mélange
dans une chocolatiere, avec un œuf frais entier,
remuez bien le tout avec un moulinet, jusqu'à ce
qu'il soit en consistance de miel liquide ; jettez y
ensuite environ huit onces de liqueur bouillante,
autant d'eau ou de lait, selon le goût, que vous
agitez fortement avec le moulinet, pour le bien
incorporer avec le reste ; ensuite vous mettez la
chocolatiere sur le feu, ou au bain marie, et quand
le chocolat monte, retirez la chocolatiere, remuez

beaucoup avec le moulinet, et versez-le dans les tasses à plusieurs reprises : c'est l'œuf qu'on y a mis qui le fait mousser extraordinairement. Pour relever le goût de cette liqueur, vous pouves immédiatement avant que de le verser, y mettre une cueillerée d'eau de fleur d'orange où vous aurez versé une ou deux goûtes d'essence d'ambre. Ce chocolat est très-parfumé, extremement délicat, et ne charge point l'estomach ; d'ailleurs il ne fait aucun sédiment dans la chocolatiere, ni dans les tasses.

4°. Si l'on veut faire de la crême de chocolat, on met un demi septier ou la cinquieme partie d'un littre de crème dans une chopine ou demi littre de lait, deux jaunes d'œufs frais, trois onces de sucre, on délaye le tout ensemble, et on le fait bouillir à la réduction d'un quart, en le tournant avec une spatule : on y met ensuite du bon chocolat rapé, autant qu'il en faut pour lui en donner le goût et la couleur; on lui donne ensuite cinq à six bouillons, après on la passe au tamis et on la dresse, pour la servir froide.

5°. *Autre crême de chocolat.* Versez deux pintes de crême dans une chocolatiere, jettez-y demi livre de chocolat et deux gousses de vanille, préalablement coupées par morceaux ; ajoutez quatre onces de sucre, approchez le vaisseau du feu, échauffez et entretenez le liquide pendant une heure, au degré de chaleur de l'eau bouillante, en observant d'agiter fortement et souvent avec le moussoir ; éloignez le vaisseau du feu, et lorsque la liqueur est à moitié refroidie, délayez y les jaunes de quatre œufs frais, après quoi vous faites chauffer de rechef jusqu'au même degré, et agitez sans discontinuer, ensuite vous le retirez et le mettez refroidir jusqu'au point de congelation.

6°. *Eau de Chocolat.* Prenez du cacao et de la vanille, faites les rôtir comme si vous vouliez faire du chocolat; broyez ensuite le cacao, et laissez la vanille sans la piler; mettez le tout dans l'alambic avec de l'eau, ou de l'eau-de-vie, distillez-le à un feu ordinaire, et ne tirez point de phlegme; lorsque les esprits sont tirés, mettez-les dans un sirop fait à l'ordinaire, avec du sucre fondu dans de l'eau fraîche; vous passez ensuite la liqueur toute chaude à la chausse, et la conservez pour la boisson. La dose est de deux onces de cacao, d'un gros de vanille sur trois pintes et un demi septier d'eau-de-vie, d'une livre et demie de sucre, et de deux pintes trois demi septiers d'eau.

7°. *Conserve de chocolat.* Prenez deux onces de chocolat rapé, faites cuire une livre de sucre à la première plume, et mettez-y votre chocolat, remuez-le pour le delayer, et dressez la conserve toute chaude.

8°. *Biscuits de chocolat.* Fouetez des blancs d'œufs en neige, mettez-y ensuite autant de chocolat qu'il en faut pour lui donner le goût et la couleur, du sucre en poudre et de la fleur de farine, faites du tout une pâte souple, formez en des biscuits et faites cuire à une chaleur moderée.

9°. *Pastilles de Chocolat.* Pour une livre de sucre fin, faites fondre une once de gomme adragante avec un peu d'eau, lors qu'elle sera fondue, passez

la au travers d'une serviette, mettez cette eau gom-
mée dans un mortier avec deux tabletes de chocolat ; pilez et passez au travers d'un tamis, la moitié
d'un blanc d'œuf et une livre de sucre fin, passé
au tambour, pilez le tout ensemble, en mettant le
sucre peu à peu, jusqu'à ce que cela vous fasse une
pâte maniable ; ensuite vous l'ôtez du mortier pour
en former des pastilles de la grandeur et du dessin
que vous jugez à propos, tels que des grains de blé,
de café, des pois, des lentilles, des coquillages et
autres choses à volonté.

10°. *Pistaches au chocolat de santé.* Prenez du bon
chocolat de santé, mettez en douze onces dans un
mortier de fonte, après en avoir bien chauffé l'intérieur et après l'avoir bien essuyé, pilez le bien,
et lorsqu'il sera en pâte maniable, divisez-le en
petits morceaux, comme des noisetes ; vous enve-
lopperez dans chacun d'eux une pistache, et vous
les roulerez dans le creux de la main ; jettes-les de
suite dans une bassine remplie de nompareilles, et
remuez-les bien avec une cueillere de fer-blanc,
et non avec la main ; lorsque les pistaches en sont
bien garnies, retirez-les et laissez-les refroidir ;
mettez-les ensuite en papillotes, en y joignant une
devise ; vous pouvez aussi, suivant votre goût,
vous servir du chocolat à la vanille.

11°. *Pistaches d'attrape au chocolat.* Faites de la
même façon qu'aux précédentes, excepté qu'au lieu
de pistaches vous y mettez un morceau d'ail ou
autre chose de la même grosseur.

12°. *Diablotins au chocolat.* Prenez du bon chocolat ; s'il est trop sec, mettez-le ramolir à l'étuve,

ajoutez y un peù d'huile d'olive, pour le bien travailler avec une cueillere ; prenez en de petits morceaux, roulez-les dans vos mains, pour en faire de
petites bouletes de la grosseur d'une noisete. et que
vous mèttez sur des petits carrés de papier. à la
distance égale d'un bon pouce ; quand la feuille est
remplie, vous prenez votre papier de coin en coin,
vous en appuyez un sur la table avec le pouce, et
vous soutenez l'autre en l'air, que vous secouez légerement, pour les applatir, et afin qu'ils se gla-
cent d'eux - mêmes ; vous les glacez si vous voulez
avec de la nompareille blanche, et vous les piquez
tous avec du cannevas, et vous les faites sécher à
l'étuve.

13º. *Cannelons glacés de chocolat.* Pour faire six
cannelons, remplissez en quatre avec de la bonne
crême, mettez cette crême sur le feu, pour la faire
bouillir; mettez y ensuite une livre de sucre ; prenez quatre quarterons de chocolat, que vous faites
fondre dans l'eau, en le mettant sur le feu dans une
poële, et le remuant toujours, jusqu'à ce qu'il soit
en bouillie ; ajoutez y ensuite six jaunes d'œufs,
que vous délayez bien ensemble ; mettez y aussi de
la crême : lorsque vous aurez bien mêlé le tout ensemble, passez-le au tamis pour le mettre dans une
tabletiere et pour le faire prendre à la glace ; la
crême étant prise. travaillez-la pour la mettre dans
les moules ou cannelons ; après vous enveloppez
de papier, pour les remettre à leur place dans un
vaisseau qui ne retienne point l'eau. Lorsque vous
serez prêt a servir, vous leur ferez quitter le moule.

14º. *Dragées de chocolat.* Pour faire ces dragées,

faites tremper un peu de gomme adragante dans un peu d'eau ; lors qu'elle est fondue et bien épaisse, passez-la au travers d'un linge, en pressant fort, pour qu'elle passe toute ; mettez-la dans un mortier avec du chocolat en poudre, et du sucre fin, jusqu'à ce que vous ayez une pâte maniable ; mettez cette pâte sur une table poudrée de sucre fin ; abattez-la avec un rouleau, jusqu'à ce qu'elle soit de l'épaisseur d'un écu, coupez en de petits morceaux de la grosseur et forme d'un pois, pour les arrondir, et les mettez sécher à l'étuve. Lorsqu'ils sont secs, couvrez-les de sucre, ainsi qu'on le fait pour les dragées.

15°. *Mousse de chocolat.* Faites fondre six onces de chocolat dans un bon verre d'eau, mettez sur un petit feu doux, et le remuez avec une spatule ; lorsqu'il sera bien fondu et réduit comme une espèce de bouillie, retirez le de dessus le feu, pour y mettre six jaunes d'œufs frais, que vous incorporez dedans ; mettez y ensuite une pinte de bonne crême, mêlez avec le chocolat et les œufs, ajoutez-y une demi livre de sucre, mettez le tout ensemble dans une terrine ; le sucre étant fondu et la crême rafraîchie, vous finissez les mousses.

16°. *Chocolat en olives.* Pilez dans un mortier une tablete de chocolat ; étant bien réduite en pâte, mettez-y trois blancs d'œufs avec du sucre en poudre suffisamment pour en former une pâte, pilez le tout ensemble, ajoutez-y du sucre jusqu'à ce que vous ayiez une pâte maniable, retirez-la du mortier pour la mettre sur une table avec du sucre fin, coupez-le par petits morceaux égaux, que vous roulez dans la main avec du sucre, pour leur donner la figure d'une olive; mettez - les à mesure sur des feuilles de cuivre, et les faites cuire ensuite sur un feu doux.

17°. *Massepains de chocolat.* Echaudez deux livres d'amandes douces, pour pouvoir les péler, passez-les de suite dans l'eau fraîche, et les pilez dans un mortier : faites cuire une livre de sucre à la plume, mettez - y vos amandes, dessechez la pâte à petit feu, tirez - la de la poêle et mettez-la refroidir. Quand elle sera froide ajoutez-y trois onces de chocolat pilé et passé au tamis, et un blanc d'œuf; maniez le tout ensemble, formez une abaisse d'une partie de la pâte ; découpez la avec des moules de fer - blanc passez à la seringue, glacez d'une glace royale ceux qui sont découpés.

18°. *Crême veloutée au chocolat.* Prenez six tablettes de chocolat, coupez - les bien menues : prenez trois demi septiers de crême et un demi septier de lait, mettez dans une casserole avec une écorce de citron vert, canelle en bâton et coriandre; faites réduire aux deux tiers, et mettez - y votre chocolat, faites lui faire quelques bouillons, retirez, passez dans une serviette mouillée; n'étant plus que tiède, délayez - y un peu de pressure et faites la prendre sur des cendres chaudes : vous pourrez la servir froide si vous le voulez.

19. *Autre crême de chocolat au bain - marie.* Délayez une once de chocolat rapé, avec quatre jaunes d'œufs et un peu de lait, ajoutez y une chopine de crême et un demi septier de lait, mêlez bien le tout, ajoutez-y du sucre en proportion, faites

bouillir de l'eau dans une casserolé, mettez dessus le plat où vous avez dressé votre crême, de sorte que le fond du plat trempe dans l'eau bouillante, recouvrez - le d'un autre plat, et ne l'ôtez de dessus l'eau bouillante que quand la crême sera prise.

20°. *Fromage de chocolat.* Prenez une demi livre de bon chocolat, mettez - y environ un demi septier d'eau, pour le faire fondre sur le feu, ayez soin de remuer toujours avec une spatule ; lorsqu'il sera bien fondu et reduit en une bouillie légere, mettez - y six jaunes d'œufs, que vous délayez bien dedans ; mettez - y une pinte de bonne crême, faites lui faire un bouillon, ajoutez - y une demi livre de sucre, mettez ensuite cette crême dans la poële où est votre chocolat, remuez bien le tout ensemble sur le feu ; les œufs étant bien pris, mettez votre crême dans une tabletiere, faites la prendre à la glace et travaillez à la cannelete, après quoi mettez - la dans un moule de fromage, pour la remettre à la glace.

21°. *Glace de chocolat.* Prenez trois demi septiers de crême et un demi septier de lait, faites bouillir avec trois quarterons de sucre ; ayez une demi livre de chocolat, que vous faites fondre dans de l'eau, en la mettant dans une poële sur le feu, et remuez avec une spatule ou cueillere de bois, et faites réduire le tout jusqu'à ce qu'il soit en bouillie ; ajoutez - y quatre jaunes d'œufs, que vous délayez bien avec du lait et de la crême, et le versez ensuite dans la poële où est le chocolat, pour les bien mêler ensemble ; versez - le après dans une terrine jusqu'à ce que vous vouliez mettre à la glace.

PARAGRAPHE VI.

De ses différentes propriétés en midicine:

Le *Chocolat* n'est pas seulement alimentaire, mais il est encore médicamenteux ; il convient dans les maladies chroniques, en raison de ses qualités connues délayantes, balsamiques, et toniques ; il est également salutaire aux personnes attaquées du scorbut. ou qui y ont des dispositions ; ses facultés douces et onctueuses en font aussi un excellent rémede contre les âcretés et les quintes pituiteuses catharales qui irritent la gorge, ainsi que les parties supérieures de la trachée artère, qui excitent des toux violentes. On laissera dans ce cas fondre doucement dans la gorge et de tems en tems, un peu de tablete de chocolat : ce rémede est assurement supérieur pour ces maladies, à toutes les tabletes de guimauve, et pour le moins aussi gracieux au goût ; c'est encore un aliment convenable pour toutes les personnes attaquées de la poitrine, dessechement qui conduit à la phtysie et a la consomption. La propriété onctueuse, tempérante et inaltérable du chocolat, pris habituelement, à plusieurs fois par jour, peut tenir lieu, à ces sortes de maladies, du meilleur rémede qu'on puisse leur procurer, sur-tout si on y joint l'usage des végétaux farineux, des nitreux, des aqueux, tels que les laitues, les épinars, les chicorées, les borragines, les concombres et autres plantes de la même classe, de même que les fruits bien choisis. Il n'est pas douteux qu'il se trouve beaucoup de maladies qui passent pour incurrables, et dont on

pourroit néanmoins parfaitement se guérir, telles.
que sont les fievres hétiques, les consomptions,
les scorbutiques, les gouteuses, les rhumatismales
et autres de pareille nature, si les malades pou-
voient avoir la constance de se soumettre à un
pareil régime, et de se laisser dirigea par un médecin prudent et éclairé. On peut aussi tirer des
grands avantages du chocolat, contre la phthysie
pulmonaire, ou contre toute autre qui seroit
occasionnée par la présence d'un amas purulent
dans quelques viscères ; là grande quantité de sucs
onctueux et muqueux que le chocolat fournit au
sang, ne peut en effet manquer de corriger l'â-
creté purulente dont il seroit impregné, au moins
autant que cette humeur subtile en est susceptible ; nous ne connoissons réellement aucun rémede
plus propre que celui - là, pour envelopper et
émousser les âcretés quelconques, pour en réprimer
les impressions malfaisantes et destructives, et
empêcher l'union irritante que les sucs dégénerés
du sang, ont coutume de faire, dans de pareilles
maladies. Les phthysiques peuvent trouver dans
l'usage du bon chocolat bien préparé, un aliment
médicamenteux, qu'en vain ils s'efforceroient de
chercher ailleurs, si de pareils malades s'assujetis-
soient a ne prendre pour nourriture que du chocolat, des crêmes faites avec des substances adoucissantes, telles que la sémoule, le sagou, le ver-
micel, le gruau de Bretagne et autres de cette
nature. Il certain qu'il en guériroit beaucoup plus
par le secours de pareils alimens, que par l'usage
de quelque lait que ce soit. En un mot, le choco-

lat bien préparé, est tout à la fois un excellent aliment, et un très-bon stomachique, tant en raison de ses parties extractives connues, que des savoureux, balsamiques et digestifs dont il est rempli; il est également pectoral, eu égard à la quantité de sucs butireux, doux et inaltérables qu'il contient; il a en outre pour propriété singulière et bien précieuse, celle de donner aux battemens du cœur et des artères, un développement qui rend le poulx ample, souple et vigoureux, sans en accelerer les pulsations: il a même cela de commun avec le quinquina. On peut aussi très-bien le prescrire, comme fébrifuge, dans les fievres intermitentes, et dans d'autres fievres qui reconnoissent pour causes l'épuisement, les langueurs, l'atonie ou le défaut des solides nerveux. Dans ce dernier cas il opère avec énergie par son principe huileux, fixe, éthéré, rempli d'esprit recteur.

Feu M. Navier, médecin à Châlons sur Marne, a publié une observation qui prouve les bons effets du chocolat, sur deux personnes épuisées, qui étoient de l'un et de l'autre sexe; ces personnes étoient tombées dans un état de langueur et une maigreur extérieure, ayant une fievre lente habituelle, ne pouvant soutenir, ni garder aucun aliment. La femme, sur-tout, avoit été réduite à toute extrémité, par des pertes abondantes. On mit ces malades à l'usage du bon chocolat préparé à l'eau, pour tout remede et pour toute nourriture, moyen sans contredit bien simple, indiqué néanmoins avec assez d'éficacité, pour pouvoir lez rétablir parfaitement, au grand étonnement de

ceux qui les avoient vus dans cet état depérissant.
La femme avoit même un poulx si petit, qu'il s'af-
foissoit sous le moindre tact ; elle ne pouvoit prendre
exactement quatre cueillerées de bouillon , sans
en éprouver un travail qui la mettoit en sueur ,
et la faisoit tomber en foiblesse ; après quelque
tems de l'usage du chocolat qu'on lui donnoit
d'heure en heure, par cueillerées. comme on fait
une potion cordiale , le poulx commença de se
développer et devint grand , la malade n'éprou-
voit ni travail, ni foiblesse , en prenant de son
nouvel aliment, on en augmenta la quantité par
degrès , on le rendit ensuite plus adoucissant, en y
mettant un huitieme de lait , et successivement
après, plus nourrissant en y ajoutant un peu de
jaunes d'œufs, et toujours sans pain, ni aucune autre substance solide quelconque. Au bout d'environ six semaines , ou deux mois , cette malade
avoit recouvré assez de force et de santé, pour passer doucement à l'usage des nourritures ordinaires,
pour reprendre ses occupations, et en état de devenir mere par après.

Cependant on doit observer que , pour que
le chocolat puisse devenir une nourriture , ou un
remede solide, il ne faut pas que les premieres
voies se trouvent inpregnées de mauvais levains,
et en effet quand elles se trouvent engorgées , ou
comme enduites de matieres visqueuses , rien n'est
plus à propos, que de rémédier à ces vices, avant
de passer à l'usage du chocolat.

Un des redacteurs du nouveau Dictionnaire
Economique dit avoir fait avec de la bonne pâte

de

de chocolat une espèce de teinture, en le faisant bouillir doucement dans beaucoup plus d'eau que l'on n'en met communement pour faire une tasse de chocolat. Cette liqueur se chargea d'une huile légere, qui lui servit à procurer une crise de sueur benigne et des crachats surabondans à un malade d'une fluxion de poitrine; il lui donna de quatre en quatre minutes une cueillerée à café de cette teinture chaude, et alternativement une semblable cueillerée de bon vin vieux, puis de loin en loin un peu de bouillon, ce qui le guérit parfaitement.

Un auteur anonyme d'un traité sur le *Cacao*, dit dans son ouvrage : Que ce seroit une chose très-avantageuse pour la médecine, que de trouver un moyen de présenter aux malades les remedes sous une forme agréable et sous un goût connu, que l'artifice même qui les leur offriroit, cachés sous le nom et sous les apparences séduisantes d'un aliment délicieux ne seroit pas sans fruit. Personne n'ignore que les malades ont toujours assez de leur mal, sans leur faire encore éprouver le dégoût que tous ont pour les remedes; on leur épargneroit dumoins les soulevemens d'estomach que la plupart éprouvent en portant à leurs levres le vase qui contient un médicament; il n'en seroit pas de même en le leur présentant sous l'attrait et mêlé avec du chocolat, cet aliment pourroit leur servir en même tems d'une bonne nourriture, et d'un excelent véhicule au remede. J'en ai fait quelque fois l'essai, et j'ose assurer que le succès a toujours confirmé mon attente. Il seroit à souhaiter, pour le bien de l'humanité souffrante, que quelque habile mé-

G

'decin se donnât la peine de pénétrer plus avant dans une matiere que je n'ai fait qu'éfleurer.

Combien voyons - nous des gens , continue le même auteur, qui négligent de se purger, et s'obstinent même a ne pas le faire en ayant le plus urgent besoin , par la repugnance qu'ils ont pour tout ce qui porte le nom de médicamens , sans en excepter les plus ordinaires. Ne seroit - ce pas leur rendre un service important, que de leur apprendre à se purger soi même d'une maniere délicieuse , et s'il étoit nécessaire, les purger à leur inçu ? Pour cela il n'y auroit qu'à mêler vingt ou vingt-cinq grains de Jalap en poudre, selon l'âge ou les forces, avec la poudre de canelle destinée pour une tasse de chocolat , et le faire prendre au malade sous cette derniere dénomination. J'ai fait souvent cette expérience , et cela purge très-bien et sans tranchées ; plusieurs en ont attribué l'effet au travail de la nature, ignorant la ruse dont je m'étois servi à leur égard, connoissant leur tempéramment repugner à tous médicamens. Quels avantages n'en résulteroit-il pas de cette maniere de purger , sur - tout pour les enfans , qui ont tant de la peine à prendre ce qui ne flatte pas leur goût ?

Les préparations galeniques et chimiques qu'on a faites du quinquina n'ont pas réussi ; son infusion dans le vin , autrefois si vantée , ne contient qu'une partie de sa vertu , puisque le marc resté au fond de la bouteille a encore la propriété d'arrêter la fiévre ; et après mille tentatives infructueuses on en est revenu à l'ordonner en substance, mise en poudre très - fine , dont on forme des bols , ou qu'on délaie dans de l'eau. Cette méthode est encore accompagnée de plusieurs inconveniens, car beaucoup de gens ne peuvent l'avaler en bols, surtout les enfans ; la poudre délaiée dans l'eau ne vaut pas mieux ; de l'une ou de l'autre façon la poudre se précipitant au fond de l'estomach ne peut que le fatiguer extrêmement.

Pour remédier à ces inconveniens, qu'on mêle un dragme de quinquina en poudre, passé au tamis de soie, ensuite broyé à sec sur le porphire, avec la canelle destinée pour une tasse de chocolat, de laquelle on augmente un peu la dose du sucre : on prendra ce quinquina sans le moindre dégoût, et peut - être sans s'en appercevoir, étant bien incorporé avec le chocolat ; on se nourrira en même - tems mieux qu'avec du bouillon, qui se corrompt facilement dans un estomach fievreux ; on n'aura pas a craindre que les parties du quinquina ayant été bien divisées et embarrassées parmi celles du chocolat, se réunissent et se précipitent comme il est dit plus haut. Je puis assurer que j'ai plusieurs fois guéri la fievre en suivant cette méthode.

On fait usage du fer dans les médicamens : des préparations les mieux travaillées la limure est la plus simple et celle qui a le plus de vertu. Mais malgré tout ce que l'art a pu tirer de ce métal, il est encore dans son usage un inconvenient, qui est que toutes les parties du fer venant à se réunir par leur propre poid, forment une espèce de culot au fond de l'estomach, qui en diminue la force, le resout et le fatigue extrêmement. Pour remedier à cela, il faut après avoir broyé à sec sur le porphire la limaille de fer, jusqu'à ce qu'elle soit réduite en poudre très-fine, la mêler avec la poudre de canelle, destinée pour une tasse de chocolat fait à l'ordinaire; il est certain que les parties de fer, par l'agitation du moulinet, se trouveront si divisées parmi celles du cacao, qu'il n'y aura plus à craindre qu'elles s'en séparent. D'ailleurs les parties aromatiques de la canelle et les alkalines du cacao ne pourront qu'augmenter les effets qu'on attend de ce remede.

On pourroit aussi mêler avec la canelle et le chocolat les poudres de cloportes, des vipères, des vers de terre, des foies et fiels d'anguilles et autres semblables si souvent employées dans les médicamens, pour ôter aux malades jusqu'à l'idée dégoûtante de l'origine de ces remedes.

L'usage du lait est un remede spécifique pour la guérison de plusieurs maladies, mais par malheur il y a bien des estomachs qui ne peuvent le supporter; on a cherché bien des moyens pour prévénir cet inconvenient. Sans m'arrêter à en faire ici le dénombrement, ne seroit-ce pas mieux, plus simple et plus naturel d'empêcher le lait de s'aigrir dans l'estomach, en préparant à l'ordinaire une tasse ou environ de chocolat, et d'y verser dessus tout chaudement une chopine ou trois demi septiers de lait? Ces trois parties butireuses de lait, de canelle et de cacao, très-propres, par leur analogie à s'allier ensemble, agiroient pour la même fin, car ce qu'il y a d'amer et d'alkalin dans le cacao doit nécessairement empêcher toute coagulation de lait dans l'estomach. Rien de plus aisé à vérifier par l'expérience, que l'usage de cette soite de lait chocolatisé.

Avant que le cacao fut connu en Europe, on y appeloit le bon vin vieux, le lait des vieillards, mais depuis qu'on a connu les bons effets du chocolat, on lui a appliqué ce sur-nom, à mesure que son usage s'est répandu parmi les européens. Le cacao qui fait la base du chocolat, est à l'égard des vieillards ce qu'est le lait parmi les enfans. Pour peu qu'on examine la nature de ce fruit, par rapport à la constitution des personnes âgées, on voit sans peine, que l'un semble être fait pour remedier aux défauts de l'autre, et que le cacao est véritablement la panacée de la vieillesse.

Selon les rémarques du savant Baglivius, médecin, notre vie n'est pour ainsi dire qu'un dessechement continuel, mais cette espèce de phtisie naturelle est comme imperceptible jusqu'à un âge avancé, où l'humide radical se consume d'une maniere plus sensible, alors les portions les plus sulphureuses et les plus volatiles du sang se dissipent peu à peu, les sels se dégagent des soufres, se développent, et l'acide se manifeste, de là découlent les sources fécondes des maladies chroniques et des infirmités. La nature en s'affoiblissant, les ligamens, les tendons et les cartillages perdent peu à peu cette onctuosité qui les rendoit si souples et si plians dans la jeunesse; les peaux se rident en dedans comme au déhors, en un mot toutes les parties du corps se dessechent et se racornissent.

Il semble que la nature prévoyante ait renfermé

3

dans le cacao de quoi remédier à tous ces inconveniens. Le volatil sulphureux dont il abonde est
capable de remplacer tous les jours dans le sang,
ce que le grand âge fait perdre à l'homme; il
émousse la force des sels. il les enveloppe, il les
concentre et redonne par-là au sang, sa douceur
accoutumée, à peu près comme l'esprit du bon vin
en circulant avec l'esprit des sels, forme une liqueur
douce d'un puissant correctif. Cette même onctuosité sulphureuse se répand en même - tems dans
toutes les parties solides, et leur rend en quelque
façon leur souplesse naturelle; elle enduit les mem-
branes, les tendons, les ligamens et les cartillages
d'une espèce d'huile qui les rend lisses et flexibles,
propres à retablir l'équilibre entre les parties flui-
des et les parties solides du corps humain; le jeu
et le ressort de la machine se renouvelle, la santé
se conserve, et la vie se prolonge.

Ce ne sont point des paradoxes, ni des réflexions
philosophiques que l'on puisse tirer de ce que nous
venons de dire d'après Baglivius, mille axpérien-
ces pourroient en confirmer la véracité, parmi lesquelles nous en citerons seulement une. Il est mort
à la Martinique un homme âgé d'environ cent ans,
qui depuis trente ans ne vivoit que de chocolat et
de quelques biscuits; il se faisoit quelquefois donner un peu de potage à dîner, mais jamais de vian-
de, ni de poisson, ni aucun autre aliment. Il étoit
néanmoins si vigoureux et si dispos qu'à quatre
vingts ans il montoit encore à cheval sans étriers.

Ce n'est pas seulement aux gens âgés que le chocolat est capable de prolonger la vie; il peut être

d'un grand secours aux personnes de constitution maigre, séche ; à celles d'un tempéramment foible et cacochisme, ainsi qu'à celles qui font des exercices violens du corps, ou qui par leur profession sont obligées de soutenir une longue application d'esprit, qui les jette souvent dans des épuisemens extraordinairez : l'usage du chocolat leur convient très-parfaitement.

Mais par les raisons contraires, on ne sauroît en conseiller l'usage fréquent et journalier aux personnes d'un embonpoint excessif, ni à celles qui sont accoutumées à boire beaucoup de nos meilleurs vins, à manger pour l'ordinaire des viandes les plus succulentes, qui dorment long tems et font peu d'exercice, en un mot, à tous ceux qui menent une vie molle, sédentaire et voluptueuse, telle que la plupart des gens aisés la menent à Paris, bien certain que ces corps pleins de sang et de graisse, n'ont point besoin d'un surcroit d'alimens reparateurs de leur santé ; la diete leur seroit beaucoup plus convenable, et de suivre le sens de l'oracle qui dit que l'excès des viandes cause des maladies, que l'intempérence en à tué plusieurs, que la sobriété prolonge la vie de l'homme.

On se sert aussi avec avantage de l'huile ou beurre de *cacao*, pour la guérison de toutes sortes d'ulcères : on fait pour cela un emplâtre composé d'huile d'olive, une livre ; céruse de Venise en poudre, demi livre, que vous mettez dans une bassine de cuivre ou dans une casserole de terre vernissée, sur un feu clair et modéré, remuant toujours avec une spatule de bois, jusqu'à ce que le tout soit devenu noir et de consistance presque d'emplâtre, ce

qu'on connoît en en laissant tomber quelques goûtes sur une assiete d'étain, car si la matiere se fige
sur le champ et ne prend que difficilement aux
doigts en la maniant, elle est suffisamment cuite;
alors on y ajoute de la cire vierge, une once et
demie; huile ou beurre de cacao, une once; baume de Copahu, une once et demie: on met le tout
bien mêlé, fondre dans une bassine, sur un feu modéré, ayant soin de le remuer toujours avec la
spatule de bois. Quand le tout est bien fondu, on
y ajoute les drogues suivantes en poudre: pierre
calaminaire rougie dans les charbons et éteinte
dans l'eau de chaux, une once; de la mirrhe en
larmes, de l'aloës succotrin, de l'aristoloche ron-
de, de l'iris de Florence, de chacune deux dragmes; du camphre, un dragme; le tout étant bien
incorporé, on le laissera un peu refroidir, ensuite
on le versera sur un marbre, pour en former des
magdaléons à l'ordinaire. Pour faire usage de cet
emplâtre, on panse la plaie ou ulcère matin et
soir, après l'avoir netoyée avec de l'eau de chaux
et essuyée avec un linge. Le même emplâtre peut
servir plusieurs fois, pourvu qu'on ait soin de bien
le laver avec de l'eau de chaux, essuié, présenté
au feu et manié avec les doigts avant de l'appli-
quer sur la plaie.

On fait encore avec le beurre de *cacao* une pom-
made excellente pour guerir les dartres, rubis et
autres difformités de la peau. Pour la faire, on
prend fleur de soufre de Hollande, salpetre rafi-
né, demie once de chaque; bon précipité blanc,
deux dragmes; benjoin, un dragme: pilez le
benjoin et le salpêtre dans un mortier de bronze,

jusqu'à ce que la poudre soit très - fine , mêlez - y ensuite le soufre, le précipité et le beurre de cacao un dragme : le tout bien incorporé et rendu d'une consistance friable, vous le mettez dans des pots , ou des boîtes, bien couverts, que vous gardez pour vous en servir dans le besoin. Lorsqu'on en fera usage, il ne faut pas s'étonner si le premier jour, et quelquefois le second qu'on l'emploie, la dartre paroît plus vive et le teint plus brouillé qu'auparavant, c'est signe que le remede attire en déhors toute la malignité et qu'il en detruit le mauvais levain. On ne doit point se rebuter, car ce combat des sels contraires n'est pas de longue durée, avec un peu de patience on parviendra à rendre le visage ou autres parties du corps où l'on aura employé ce remede, très - uni , et sans la moindre apparence des incommodités qu'on aura traitées.

Pour confirmer ce que l'on vient da dire dans cet ouvrage, sur les précieux et salutaires bienfaits que l'humanité peut puiser journellement dans l'usage du *Chocolat*, soit comme aliment, soit comme médicamens, nous terminerons ce traité par ce qu'en a dit, en s'égayant, le facetieux et véridique auteur de l'*Almanach des Gourmands*, (M. de la Reynie), très-con nu par son talent à savoir porter un jugement sûr et sans appel, lorsqu'il parle du choix que l'on doit faire dans la recherche des mets et des liqueurs, qu'il sait analyser avec un talent unique. Voici ce qu'il dit, en parlant des *Chocolats*. Les *Chocolats*, particulierement ceux de la fabrique de M. Debauve, rue St. Dominique, fauxbourg St. Germain, n° 4. et par préférence celui au Salep de Perse, mérite la reputation dont il jouit, par se' qualités restaurantes et reparatrices. L'expérience prouve qu'il est plus propre qu'aucun chocolat connu, pour procurer en peu de tems de l'embonpoint et réparer les désordres occasionnés dans l'économie animale, soit par de longues maladies, soit par les excès de divers genres; il est à la fois léger, nutritif et propre à presque toutes les constitutions. Grand nombre de médecins en font journelement les plus heureuses applications dans les convalescences difficiles et dans les maladies chroniques ou de langueur; il remedie avec succès aux effets des indigestions imparfaites, d'où dérivent presque toutes les maladies chroniques.

Le même auteur recommande aux personnes maigres, et aux cacochismes qui veulent cesser de l'être, l'usage du chocolat analeptique au Salep de Perse, connu pour être à la fois léger et nutritif, pouvant convenir à toutes les constitutions foibles et délicates, elles y trouveront une nourriture agréable et salutaire, propre à leur faire reprendre à vue d'œil un embonpoint sans lequel il n'existe ni fraîcheur, ni beauté.

Les gens de Lettres et autres personnes, dit-il, qui desirent conserver ou retablir leur santé, épuisée par le travail du cabinet ou par l'abus des plaisirs, peuvent avoir recours à ce chocolat, ses qualités onctueuses, pectorales et adoucissantes, en s'assimilant aux humeurs, les adoucit et contribue à former un bon chyle, principale source de la santé, sans laquelle l'existence n'est qu'un fardeau, pénible à supporter.

$$F I N.$$

TABLE.

Fin de la table.

De l'imprimerie de LE NORMANT, rue de Seine St. Germain, n°. 8.